Anatomie Gymnastizierung Muskelaufbau

DIE BESTEN ÜBUNGEN AM BODEN

GILLIAN HIGGINS

MIT KOSMOS MEHR ENTDECKEN
Faszientraining für Pferde
SEIT 1822

KOSMOS

Dehnen des Genicks

Aktivierung der Wirbelsäule

Dehnübungen für Pferde

Übungen für den Hals

Übungen für den Rücken

Übungen für den gesamten Körper

Übungen für die Beine

Skelett und Muskulatur

Service

Skelett und Rückenbänder

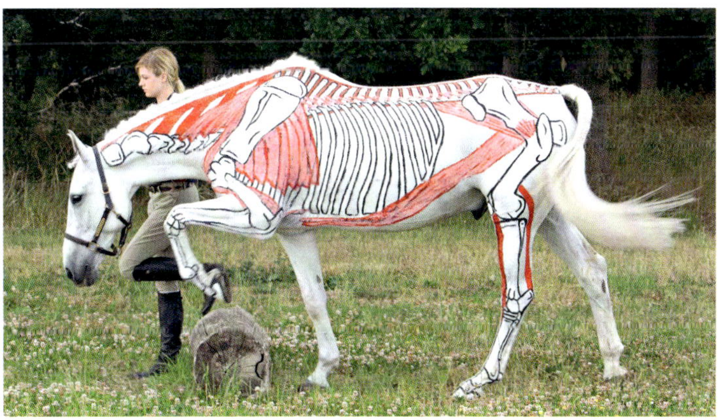

Schritt über ein Hindernis verbessert die Beweglichkeit von Schultern und Ellbogen, Hüfte, Knie und Sprunggelenk.

Dehnübungen für Pferde

Die Hauptziele eines erfolgreichen Trainings sind, die bestmögliche Leistung zu erreichen, die athletischen Fähigkeiten zu verbessern und das Verletzungsrisiko zu senken. Die Muskeln gesund zu erhalten, ihre Beweglichkeit und Geschmeidigkeit zu fördern, sind dabei wichtige Faktoren. Tierärzte und Therapeuten erkennen zunehmend die Vorteile, die Dehnübungen für die Muskulatur haben.

EINFÜHRUNG

Längere Muskeln sind automatisch auch geschmeidiger und Stretching ist eine wichtige Möglichkeit, Muskelfasern zu verlängern. Es kann helfen, die Verletzungsgefahr zu vermindern, da weniger Spannung auf Gelenke, Sehnen, Muskeln und Bänder einwirkt.

Sehnen sind weniger elastisch als Muskeln, deshalb ist ihre Geschmeidigkeit abhängig von der Dehnfähigkeit des Muskelbauches – ein weiterer guter Grund, die Muskulatur in Top-Form zu erhalten!

Propriozeption (die Wahrnehmung der Körperlage und -bewegung im Raum), Koordination und Gleichgewicht sind unerlässlich für eine optimale Leistung. Wenn die Geschmeidigkeit, die Beweglichkeit und die Reaktionszeit der Reflexe verbessert werden, dann wird die Reaktionszeit der Bewegung verringert und insgesamt eine bessere Koordination erreicht.

Zusätzlich verbessert Stretching die Zirkulation des Blutes und der Lymphflüssigkeit; somit wird die Muskulatur optimal mit Sauerstoff und Nährstoffen versorgt und gleichzeitig werden giftige

Abfallstoffe des Stoffwechsels effizienter abtransportiert.

Beides sind wichtige Aspekte, um Ermüdung vorzubeugen und Erholungsphasen zu verkürzen.

Viele Sporttherapeuten integrieren deshalb Stretching-Übungen als einen festen Bestandteil in ihren Behandlungsplan.

ARTEN DER DEHNUNG

Es gibt zwei Hauptarten des Stretchings:

- Passive Dehnung wird vom Menschen ausgeführt. Das Pferd sollte entspannt sein und sich sicher fühlen, damit diese Dehnübungen erfolgreich sind.
- Aktive Dehnung erfordert, dass das Pferd den Muskel aktiv zusammenzieht, um ein Körperteil zu bewegen und selbst die Dehunung zu erzeugen. Aktives Dehnen kann während des Reitens oder der Bodenarbeit und auch mit Hilfe einer Karotte erreicht werden.

SO DEHNEN SIE RICHTIG

- Beginnen Sie langsam. Wenn nichts anderes bei der Übung vermerkt ist, sollten Sie die maximale Dehnung fünf bis fünfzehn Sekunden lang halten, damit sich die Muskelfasern entspannen können, bevor Sie die Dehnung noch ein wenig weiterführen.
- Arbeiten Sie ein leicht zu bewältigendes Übungsprogramm in Ihre tägliche Routine mit Ihrem Pferd ein.
- Seien Sie geduldig! Sie werden die Vorteile des Dehnens nur dann erreichen, wenn Sie die Übungen regelmäßig und konsequent durchführen.

Kaltes, schlecht durchblutetes Gewebe ist verletzungsanfälliger. Deshalb ist es besonders wichtig, das Pferd vor dem Dehnen aufzuwärmen. Versuchen Sie niemals, kalte Muskeln zu dehnen!

WAS DEHNÜBUNGEN BEWIRKEN

Stretching kann:

- Schrittlänge, Bewegungsvermögen, Versammlung, Beweglichkeit, Gewandtheit und Geschmeidigkeit verbessern
- Muskelkater, Verspanntheit und Steifheit verringern
- das Verletzungsrisiko der Gelenke, Muskeln und Sehnen verringern
- die Koordination verbessern
- den momentanen Grad an Beweglichkeit erhalten
- die mentale und physische Entspannung verbessern
- die Zirkulation des Blutes und der Lymphflüssigkeit erhöhen
- die Körperwahrnehmung verfeinern

Falls Sie unsicher sind, fragen Sie Ihren Tierarzt oder Tierphysiotherapeuten um Rat. Er kann die Muskulatur Ihres Pferdes beurteilen und ein Übungsprogramm erstellen, das genau zu Ihrem Pferd passt. Außerdem können Sie sich zeigen lassen, wie Sie die Übungen durchführen können, ohne sich oder das Pferd zu gefährden.

DEHNEN NACH PILATES

Die in diesem Buch gezeigten Dehn- und Kräftigungsübungen orientieren sich an dem von Joseph Pilates entwickelten Trainingssystem. Der Grundgedanke dieses Trainings ist, dass eine starke Kernmuskulatur den Rücken unterstützt und das Risiko einer Muskelverletzung minimiert.

Viele der Pilates-Prinzipien können auch auf das Pferd übertragen werden. Die Stabilität und die Stärke des Körperkerns sind gleichermaßen für Pferd und Reiter wichtig. Zu den Kernmuskeln gehören die Bauchmuskeln, die Beckenmuskeln, die thorakale Muskelschlinge (die die Vorderbeine mit dem Rumpf verbindet) und die Rückenmuskeln zusammen mit den oberflächlichen Muskeln des Rumpfes.

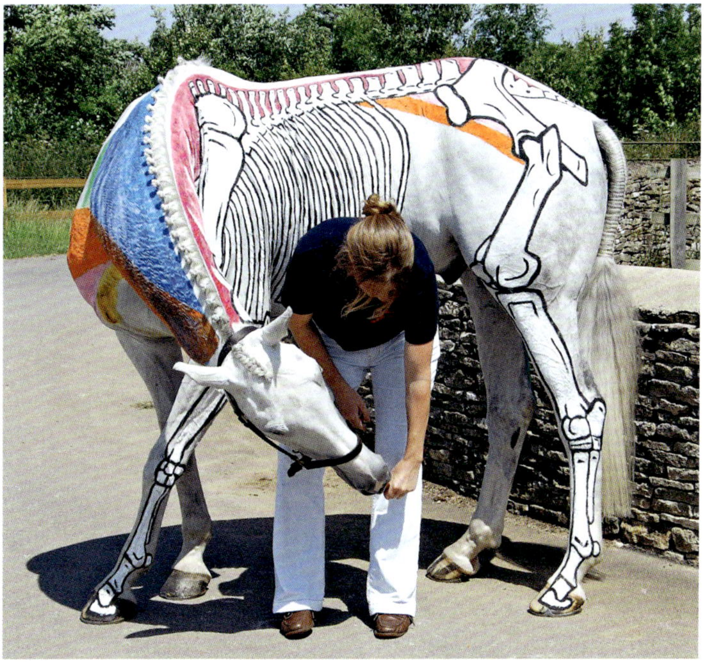

Diese Dehnübung verbessert die Fähigkeit des Pferdes sich zu biegen.

001 In diesem Film sehen Sie die Grundlagen zu den muskelaufbauenden Übungen.

Die Kernmuskulatur wird vor allem durch korrekte Arbeit unter dem Reiter und spezielle Reit-Übungen unter der Anleitung eines fachkundigen Trainers aufgebaut. Es gibt aber auch eine Reihe von Boden-Übungen, die die gerittene Arbeit zur Stabilisierung des Kerns ergänzen. Wenn Sie diese Übungen regelmäßig durchführen, können Sie die Kernmuskeln Ihres Pferdes, die eine gute Körperhaltung und einen kräftigen Rücken ausmachen und somit das Tragen des Reitergewichts unterstützen, stärken.
Übungen zur Stärkung der Kernmuskulatur können auch ein wertvoller Teil eines Rehabilitationsprogramms nach einer Verletzung sein. Die Anwendung spezieller Übungen, die schwache oder verletzte Muskeln gezielt ansprechen, ist besonders wertvoll. Nach vorheriger Absprache mit dem Tierarzt, kann ein qualifizierter Therapeut ein individuell abgestimmtes Programm mit Übungen zusammenstellen.

NÜTZLICHE BEGRIFFE

Adduktion: Das seitliche Heranziehen des Beines zur Körpermitte und darüber hinaus.
Abduktion: Das seitliche Wegführen des Beines vom Körper weg.
Protraktion: Die Bewegung des Beines nach vorne (Schwungphase eines Schrittes).
Retraktion: Die Bewegung des Beines nach hinten (Belastungsphase eines Schrittes).

Übungen für den Hals

Dehnen des Genicks

Bei dieser Übung werden die Muskeln am Genick und an der Oberlinie des Halses gedehnt. Sie fördert die Beweglichkeit des ersten und zweiten Halsgelenks ebenso wie die der kleinen Muskeln in der unmittelbaren Umgebung des Genicks.

Variante 1

1 Dehnung der Muskeln am Genick und entlang der Oberlinie.

2 Längsdehnung des ersten und zweiten Halsgelenks.

So sieht die Übung aus

Variante 1: Halten Sie eine Karotte an das Kinn Ihres Pferdes, damit es sein Genick in Längsrichtung dehnt.

Variante 2: Halten Sie eine Karotte seitlich an die Lippen Ihres Pferdes, um es zur Dehnung nach links oder rechts zu ermuntern.
Achten Sie darauf, dass die Karotte immer Kontakt zu den Lippen hat, da das Pferd sie in dieser Position nicht unbedingt sehen kann.

Tipp

- Versuchen Sie, die Nase des Pferdes in der Senkrechten zu halten.
- Da die Anatomie des Genicks nur einen geringen Bewegungsradius zulässt, sind auch nur kleine Bewegungen notwendig, um eine Dehnung zu erzielen. Große Bewegungen sprechen nur die Gelenke und Muskeln weiter unten entlang des Halses an, wo die meisten Seitenbewegungen entstehen.

Variante 2

1 Seitliche Biegung des ersten Halsgelenks (Atlantookzipitalgelenks).

2 Dehnung der Muskeln an der Außenseite der Biegung.

Übungen für den Hals

Biegen der Halsmitte zur Seite

Diese Übung ist besonders für Pferde geeignet, die im Hals fest sind. Sie aktiviert die Gelenke und dehnt die Muskeln in der Mitte des Halses. Dadurch wird der Hals geschmeidiger und beweglicher.

Die Muskeln auf der Innenseite der Biegung ziehen sich zusammen.

Versuchen Sie Ihr Pferd davon abzuhalten, seine Nase zu verdrehen.

3

Die Muskeln auf der Außenseite dehnen sich.

4

Wenn Sie die Karotte tiefer halten – wie hier in Höhe des Vorderfußwurzelgelenks – werden die Muskeln der Oberlinie an der Außenseite der Biegung stärker gedehnt.

So sieht die Übung aus

- Fordern Sie Ihr Pferd mithilfe einer Karotte auf, seinen Hals zur Seite zu biegen, bis seine Nase ungefähr auf Höhe seiner Schulter ist (1) und führen Sie die Karotte dann weiter nach hinten, bis auf Höhe des Ellbogens (3).
- Wenn die Karotte zu weit zurück genommen wird, wird eher der Halsansatz als die Mitte des Halses angesprochen.
- Halten Sie die Karotte dicht an den Lippen des Pferdes, damit das Pferd die Bewegung fließend und nicht ruckartig ausführt.
- Halten Sie die Dehnung für fünf bis zehn Sekunden, bevor Sie Ihrem Pferd erlauben, die Karotte zu nehmen.
- Wiederholen Sie diese Übung zwei- bis dreimal.

Tipp

- Führen Sie diese Übung möglichst immer zum gleichen Zeitpunkt in Ihrer täglichen Routine durch, damit Ihr Pferd nicht dauernd eine Karotte erwartet.
- Halten Sie die Karotte eher mittig als seitlich an die Pferdelippen, damit das Pferd seine Nase nicht verdreht.

Übungen für den Hals

Strecken des Halses zur Seite

Diese Übung dehnt die Halsmuskulatur sowie die Gelenke am Halsansatz und stimuliert die Kernmuskulatur. Sie ist besonders nach intensiver, versammelter Arbeit sehr effektiv, um Durchlässigkeit und Beweglichkeit des Halses zu verbessern.

1 Wenn sich der Hals streckt, werden die thorakale Muskelschlinge und andere Kernmuskeln aktiviert, um den Körper zu stabilisieren.

2 Der Halsansatz wird stimuliert und gedehnt.

Die Muskeln der Halsinnenseite ziehen sich zusammen, während die Muskeln der Außenseite gedehnt werden.

So sieht die Übung aus

- Führen Sie diese Übung am besten mit Hilfe eines Seiles durch, das in Höhe des Brustbeins in der Boxentür befestigt ist.
- Halten Sie die Karotte dicht an die Lippen des Pferdes, damit eine weiche, und keine ruckartige Bewegung sichergestellt ist.
- Führen Sie die Karotte zur Seite, sodass Ihr Pferd sich zur Seite streckt, wenn es ihr folgt.
- Fordern Sie Ihr Pferd auf, die gestreckte Position für drei bis fünf Sekunden zu halten.
- Wiederholen Sie die Übung auf jeder Seite drei- bis fünfmal.

Tipp

Diese Übung stärkt die Kernmuskeln und verbessert die Rückenhaltung noch effektiver, wenn das Pferd den Kopf tief halten muss, um die Karotte zu erreichen.

002 In diesem Film sehen Sie die Übung: „Karotte tief zur Seite".

Häufig verändert das Pferd seine Beinstellung, um seinen Körper effektiver abzustützen und sich nach der Karotte strecken zu können.

Übungen für den Hals

Strecken des Halses nach vorne

Mit dieser Übung können Sie die Halsmuskulatur nach getaner Arbeit lockern und besonders die Pferde korrigieren, die sich im Hals kurz und fest machen. Wenn das Pferd den Hals nach vorne verlängert, werden die Halsmuskeln gedehnt und sobald sich das Pferd in Richtung Karotte lehnt, aktiviert es seine Kernmuskeln.

So sieht die Übung aus

- Verhindern Sie, dass das Pferd vorwärts geht – idealerweise, indem Sie eine Kette oder ein Seil in Höhe des Brustbeins in einen Türdurchgang spannen. Boxentüren sind oft ein wenig zu hoch.
- Ermuntern Sie Ihr Pferd mithilfe einer Karotte, sich allmählich nach vorne auszustrecken.
- Halten Sie die Karotte in Höhe des Brustbeins oder etwas darunter. Der Kopf des Pferdes sollte auch auf dieser Höhe sein, um eine optimale Dehnung und eine korrekte Rückenhaltung zu erreichen.
- Lassen Sie Ihr Pferd die Dehnung möglichst fünf bis zehn Sekunden lang halten.
- Wiederholen Sie diese Übung drei- bis fünfmal.

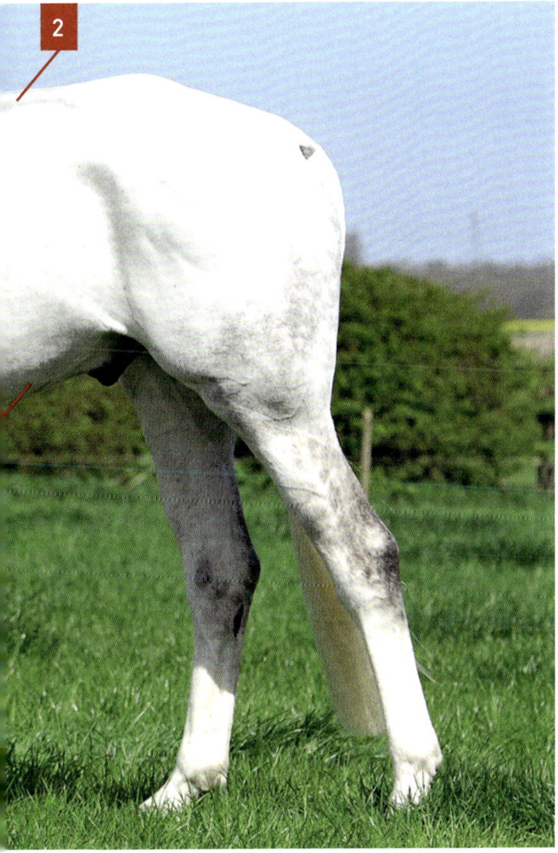

Tipp

- Führen Sie diese Übung möglichst immer zum gleichen Zeitpunkt in der täglichen Routine durch, damit das Pferd nicht andauernd eine Karotte erwartet.
- Achten Sie darauf, dass sich der Pferdekopf in Höhe des Brustbeins oder etwas tiefer befindet, um eine korrekte Haltung des Rückens zu erreichen.

1 Die Halsmuskeln sind gedehnt.

2 Die Muskeln der Oberlinie sind entspannt und erlauben dem Rücken sich aufzuwölben, während sich das Pferd nach vorne streckt.

3 Die Brust- und die Bauchmuskulatur sind aktiviert, während sich das Pferd nach vorne ausstreckt.

Übungen für den Rücken

Karotte tief zur Seite

Diese Übung verbessert die Geschmeidigkeit von Halsansatz und Rücken sowie die Fähigkeit des Pferdes, sich zu biegen. Der Rücken hebt sich und biegt sich dabei zusammen mit der Halsbasis zur Seite. Dadurch wird die Stabilität der Kernmuskeln verbessert, die Bauchmuskulatur gekräftigt und die Beweglichkeit sowie die korrekte Haltung des Rückens gefördert. Die Übung entspricht unseren diagonalen Sit-ups.

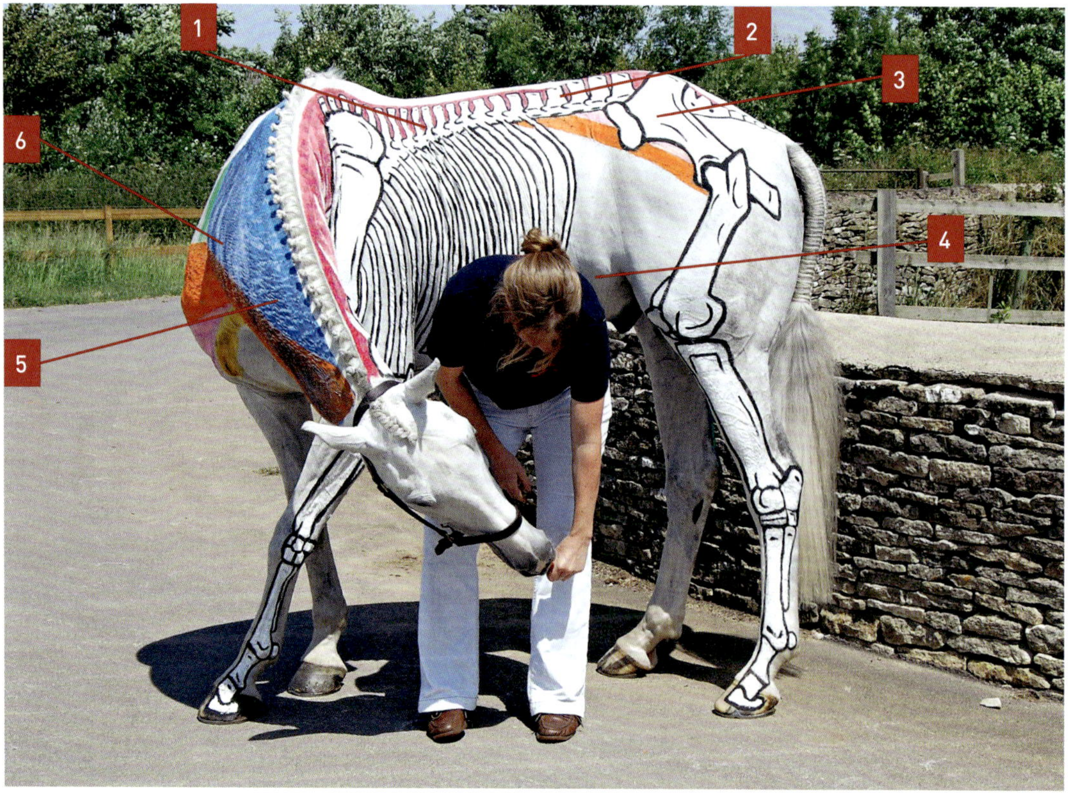

So sieht die Übung aus

- Stehen Sie mit dem Rücken zum Pferd in Höhe der Gurtlage.
- Halten Sie die Karotte in der Hand, die dem Schweif am nächsten ist und fordern Sie das Pferd damit auf, seinen Kopf vor Ihren Körper zu bringen.
- Führen Sie die Karotte bis unterhalb Ihrer Knie. Für eine flüssige Bewegung, halten Sie sie dabei direkt an die Lippen des Pferdes.
- Die Dehnung sollte fünf bis zehn Sekunden gehalten werden, bevor Ihr Pferd die Karotte als Belohnung bekommt.
- Wiederholen Sie die Übung zwei- bis dreimal und vergrößern Sie die Dehnung allmählich, indem Sie den Kopf weiter nach hinten führen.
- Wenn die Übung für das Pferd einfacher wird, stellen Sie sich weiter nach hinten in Richtung Schweif.

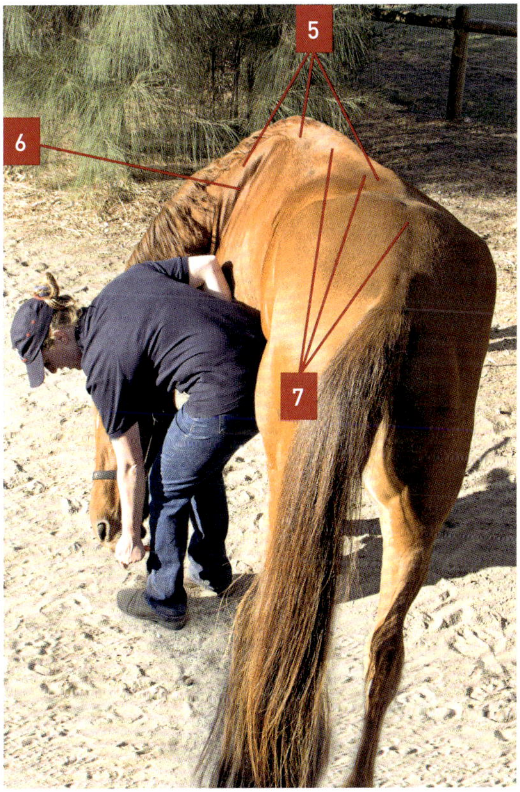

1 Wenn sich die Wirbelsäule bewegt, werden die kleinen Muskeln zwischen den einzelnen Wirbeln (Multifidi-Muskeln) gedehnt und angeregt, sie zu stabilisieren.

2 Längsdehnung an Brust- und Lendenwirbelsäule.

3 Das Becken kippt ab, da sich die Hüftbeugemuskeln (Iliopsoas-Gruppe) zusammenziehen.

4 Die Bauchmuskulatur zieht sich zusammen, um den Rücken zu heben und zu biegen, wodurch gleichzeitig die Biegung im Rippenbereich entsteht.

5 Muskeln an Hals, Widerrist und Rücken werden gedehnt.

6 Biegung des Halsansatzes und des Übergangs zwischen Hals- und Brustwirbelsäule.

7 Seitliche Biegung an Brust- und Lendenwirbelsäule.

Tipp

- Führen Sie diese Übung in der Box aus.
- Bleiben Sie mit Ihrem Rücken immer in Kontakt mit den Rippen des Pferdes.
- Um eine größere Dehnung zu erreichen, halten Sie das Schweifende fest.

Übungen für den Rücken

Karotte zwischen den Vorderbeinen

Diese Übung fördert eine gute Haltung. Hals, Widerrist und Rücken werden gedehnt und der Rücken aufgewölbt, indem die Bauchmuskulatur aktiviert wird. Dies verbessert die Stabilität des Kerns und die Beweglichkeit des Rückens. Die Muskulatur der Oberlinie und die Bauchmuskulatur werden gekräftigt. Diese Übung entspricht unseren Sit-ups.

So sieht die Übung aus

- Ermuntern Sie das Pferd mithilfe einer Karotte, seinen Kopf zuerst nach unten und dann nach hinten zwischen die Vorderbeine zu bringen.
- Halten Sie die Karotte dicht an die Lippen Ihres Pferdes, damit es nicht unkontrolliert oder ruckartig danach schnappt.
- Lassen Sie Ihr Pferd die Dehnung fünf bis zehn Sekunden halten, bevor es die Karotte bekommt.
- Wiederholen Sie diese Übung zwei- bis dreimal und vergrößern Sie die Dehnung, indem Sie die Karotte allmählich weiter nach hinten führen.

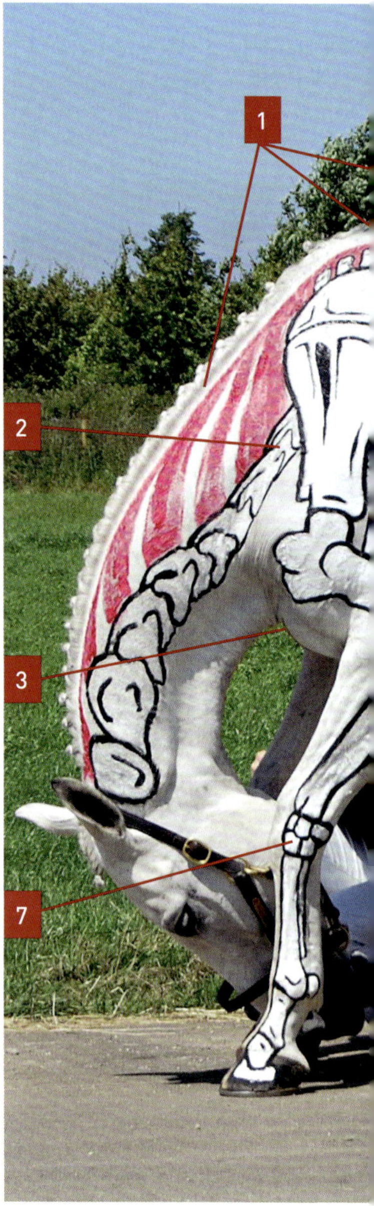

Tipp

- Führen Sie diese Übung im Stall durch. Wenn nicht viel Platz vorhanden ist, lernt das Pferd schnell, sich nach der Karotte zu strecken, anstatt rückwärts zu gehen.
- Führen Sie diese Übung möglichst immer zum gleichen Zeitpunkt in der täglichen Routine durch, damit Ihr Pferd nicht andauernd eine Karotte erwartet.

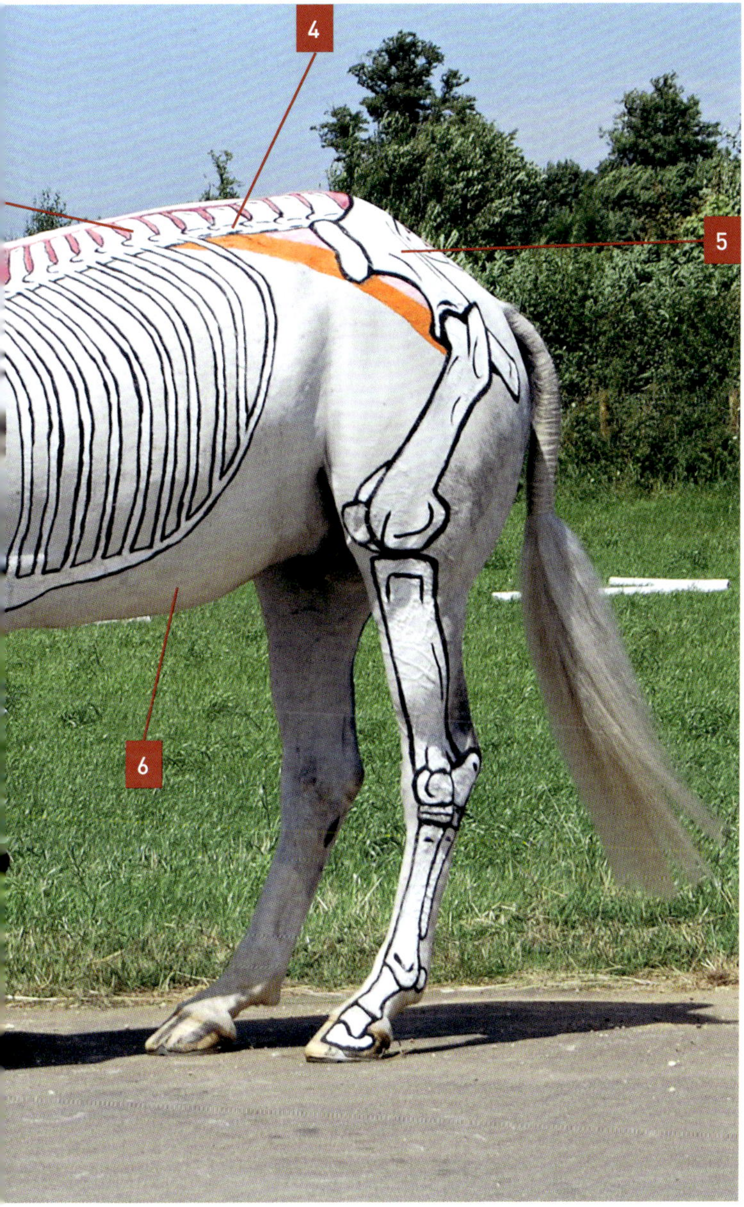

003 In diesem Film sehen Sie die Übung: „Karotte zwischen den Vorderbeinen".

1 Muskeln entlang des Halses, des Widerrists und des Rückens werden gedehnt.

2 Beugung am Halsansatz und am Übergang von Hals- und Brustwirbelsäule.

3 Die Brustmuskulatur (thorakale Muskelschlinge) spannt sich an, um den Brustkorb zu heben und den Hals-Brust-Übergang zu beugen.

4 Brust- und Lendenwirbelsäule wölben sich auf.

5 Das Becken kippt ab, weil sich die Hüftbeugemuskeln (Iliopsoas-Gruppe) zusammenziehen.

6 Die Bauchmuskulatur spannt sich an, um den Rücken zu heben.

7 Manche Pferde versuchen zu schummeln, indem sie ein Vorderbein beugen, um die Karotte zu erreichen. Solange sich dabei die Bauchmuskeln anspannen und der Rücken sich hebt, ist das kein Problem.

Übungen für den Rücken

Brustbeinheber

Diese Übung verbessert ebenfalls die Beweglichkeit des Rückens. Sie kräftigt die Muskeln, die das Vorderbein am Rumpf fixieren (thorakale Muskelschlinge) sowie die Bauchmuskeln, die für eine korrekte Körperhaltung so wichtig sind und das Reitergewicht tragen.
Es gibt eine Reihe von Reflexpunkten, mit deren Hilfe der Rücken des Pferdes bewegt werden kann. Die Brustbeinheber-Übung benutzt einen dieser Punkte.
Achtung: Es gibt Pferde, die diese Übung nicht mögen und ausschlagen! Führen Sie sie nur dann aus, wenn Sie Ihrem Pferd vertrauen.

So sieht die Übung aus

- Stellen Sie sich mit Blick zur Gurtlage neben Ihr Pferd.
- Streichen Sie mit Ihren Händen am Brustbein Ihres Pferdes entlang, bis es sich an die Berührung gewöhnt hat.
- Üben Sie mit Ihren Fingerspitzen Druck nach oben aus.
- Das Pferd sollte den Rücken direkt hinter dem Widerrist aufwölben.
- Kopf und Hals können sich als Reaktion auf den Reflex senken.

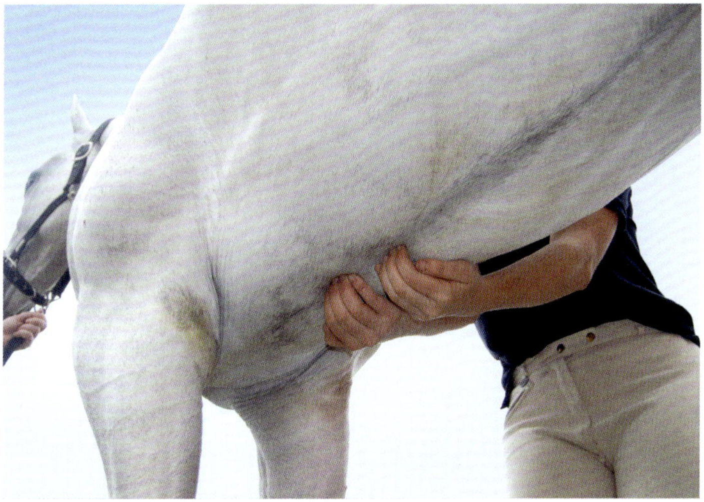

Die Fingerspitzen drücken auf der Mittellinie nach oben gegen das Brustbein.

Tipp

- Achten Sie darauf, dass das Pferd entspannt ist. Versuchen Sie diese Übung durchzuführen, wenn das Pferd vom Boden frisst.
- Achten Sie während der Übung auf die Reaktionen Ihres Pferdes.

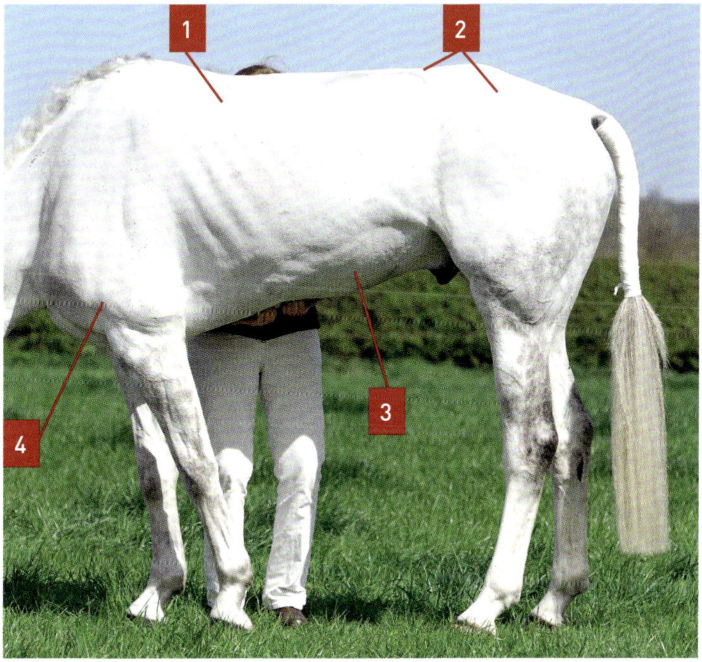

1 Beugung der Brustwirbelsäule.

2 Beugung der Brust- und der Lendenwirbelsäule, sobald das Becken abkippt.

3 Die Bauchmuskulatur spannt sich an und hebt den Rücken.

4 Die thorakale Muskelschlinge wird eingesetzt, um den Widerrist zu heben.

Übungen für den Rücken

Rückenheber

Durch Stimulation von Reflexpunkten wird bei dieser Übung der Rücken aufgewölbt.
Wie die Brustbeinheber-Übung verbessert auch der Rückenheber die Geschmeidigkeit und die Beweglichkeit des Rückens. Er kräftigt die Muskeln, die das Vorderbein am Rumpf fixieren (thorakale Muskelschlinge) sowie die Bauchmuskeln, die für eine korrekte Körperhaltung so wichtig sind und das Reitergewicht tragen.
Achtung: Es gibt Pferde, die diese Übung nicht mögen und ausschlagen! Führen Sie sie nur dann aus, wenn Sie Ihrem Pferd vertrauen.

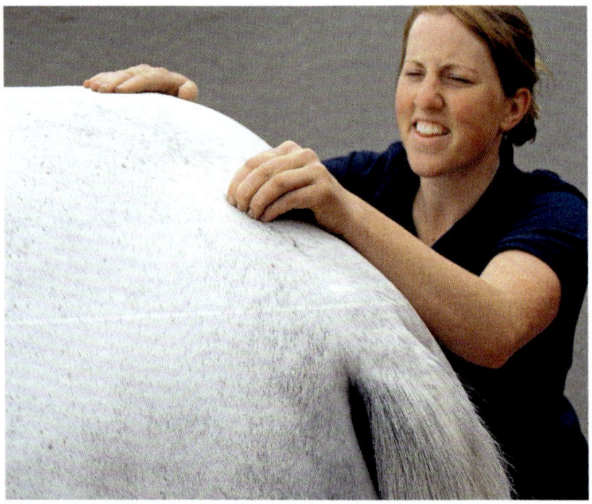

Tipp

Achten Sie darauf, dass das Pferd entspannt ist und seien Sie sich während der gesamten Übung seiner Reaktionen bewusst.

So sieht die Übung aus

Es gibt zwei Möglichkeiten, diesen Bewegungsreflex auszulösen. Welche Methode ein Pferd bevorzugt, ist individuell verschieden.

Erste Methode

- Stehen Sie neben Ihrem Pferd, mit Blickrichtung zur Hinterhand.
- Streichen Sie über den Schweifansatz, um das Pferd zu entspannen.
- Drücken Sie sanft mit den Fingerspitzen oder dem Daumen auf jeden Schweifwirbel. Beginnen Sie am Schweifende und arbeiten Sie sich langsam in Richtung Kopf vor.
- Ihr Pferd sollte bei jedem Drücken den Rücken ein wenig mehr anheben und rund machen.
- Versuchen Sie, die Position im Moment der größten Beugung für einige Sekunden beizubehalten.

Zweite Methode

- Achtung: Diese Methode kann sensible Pferde zu sehr irritieren.
- Stehen Sie seitlich versetzt auf Höhe der Hinterhand.
- Legen Sie Ihre Hände ungefähr 20 cm voneinander entfernt links und rechts auf den höchsten Punkt der Kruppe.
- Fahren Sie mit Ihren Fingerspitzen sanft kratzend beiderseits der Wirbelsäule entlang, von der Kruppe bis zur Rückseite der Hinterbeine. Das sollte Ihr Pferd dazu veranlassen, den Rücken aufzuwölben.
- Versuchen Sie, das Pferd diese Position im Moment der größten Aufwölbung für einige Sekunden halten zu lassen.

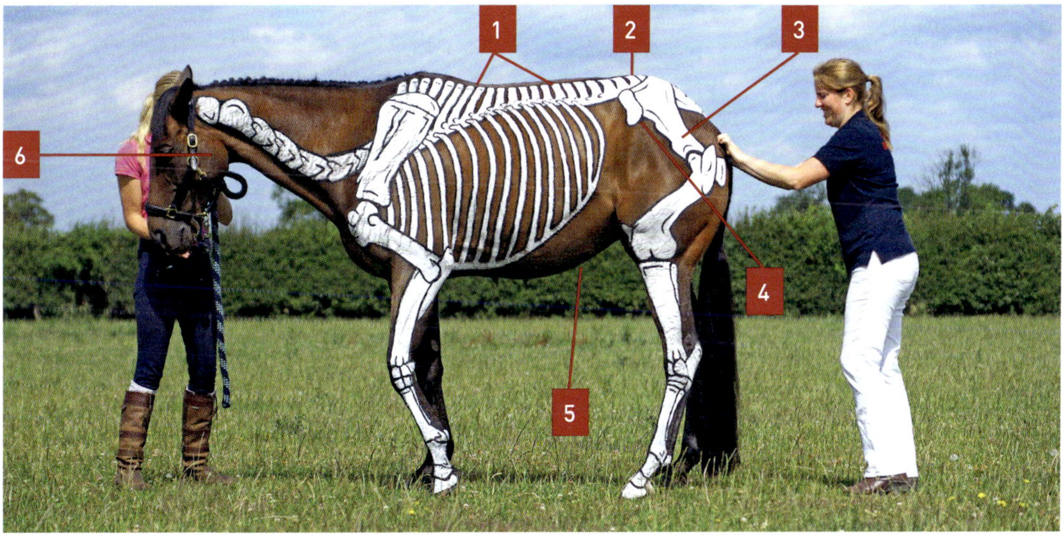

1 Beugung von Brust- und Lendenwirbelsäule.

2 Beugung des Lumbosakralgelenks.

3 Das Becken kippt ab.

4 Die Hüftbeuger (Iliopsoas-Muskeln) werden aktiviert.

5 Die Bauchmuskeln ziehen sich zusammen, um den Rücken anzuheben.

6 Kopf und Hals senken sich als Reaktion auf die Bewegung des Rückens.

Übungen für den Rücken

Seitlicher Rückenheber

Bei dieser Übung wird der Rücken mithilfe von Reflexpunkten angehoben und in Längsrichtung gebogen. Dabei werden die kleinen Multifidi-Muskeln zwischen den Wirbeln, die Erector-Spinae-Muskelgruppe als Aufrichter der Wirbelsäule, der breite Rückenmuskel Latissimus dorsi sowie die inneren schrägen Bauchmuskeln stimuliert.
So werden Geschmeidigkeit und Beweglichkeit des Rückens sowie eine korrekte Körperhaltung und ein kräftiger Rücken gefördert.
Achtung: Es gibt Pferde, die diese Übung nicht mögen und ausschlagen! Führen Sie sie nur dann aus, wenn Sie Ihrem Pferd vertrauen.

So sieht die Übung aus

- Stehen Sie seitlich an der rechten Hinterhand.
- Aktivieren Sie mit den Fingerkuppen der linken Hand den Reflexpunkt des linken Rückenhebers, indem Sie beginnend am höchsten Punkt der Kruppe ungefähr zehn bis fünfzehn Zentimeter links vom Schweif entfernt sanft kratzend das Bein hinunterfahren
- Aktivieren Sie gleichzeitig mit den Fingerkuppen der rechten Hand die Rückenbiegung zur rechten Seite, indem Sie nahe der Wirbelsäule im Bereich des Übergangs von der Brust- zur Lendenwirbelsäule – dort, wo die Sattellage endet – sanft kratzen.
- Versuchen Sie das Pferd diese Position für zwei bis vier Sekunden halten zu lassen.
- Wiederholen Sie diese Übung dreimal auf jeder Seite.

Tipp

Achten Sie darauf, dass das Pferd entspannt ist und seien Sie sich während der gesamten Übung seiner Reaktionen bewusst.

1 Die tief liegenden Wirbelsäulenmuskeln und die Muskeln an der Außenseite der Biegung werden gedehnt.

2 Die Muskeln auf der Innenseite der Biegung werden aktiviert, insbesondere der lange Rückenmuskel (Longissimus dorsi) und die tiefen schrägen Bauchmuskeln.

3 Der Kopf kann sich als Reaktion auf das Anheben des Rückens senken.

4 Der Rücken hebt sich und das Becken kippt ab.

5 Die Bauchmuskeln und die Hüftbeuger (Iliopsoas-Muskeln) werden über den Reflex aktiviert. Sie heben den Rücken und kippen das Becken.

6 Im Moment der Biegung schwingen die Rippen nach außen.

Übungen für den Rücken

Letzte Rippe drücken und Schweif ziehen

Diese Übung macht Brust- und Lendenbereich der Wirbelsäule beweglicher und kräftigt den Rücken.
Mithilfe der seitlichen Biegung entlang der Brust- und Lendenwirbelsäule werden die kleinen Multifidi-Muskeln zwischen den Wirbeln, die Erector-Spinae-Muskelgruppe als Aufrichter der Wirbelsäule, der lange Rückenmuskel (Longissimus dorsi) sowie die inneren und äußeren schrägen Bauchmuskeln trainiert.
Wenn das Pferd sich mit dem Hinterbein abstützt, aktiviert es gleichzeitig seine Becken- und Hüftstabilisatoren, insbesondere den Biceps-femoris-Muskel.
Achtung: Es gibt Pferde, die diese Übung nicht mögen und ausschlagen! Führen Sie sie nur dann aus, wenn Sie Ihrem Pferd vertrauen.

So sieht die Übung aus

- Stellen Sie sich seitlich neben das Pferd, mit Blick in Richtung der Kruppe.
- Ziehen Sie einige Male den Schweif des Pferdes auf sich zu und lassen Sie wieder nach, damit Ihr Pferd seine Beinstellung anpassen und sein Gleichgewicht finden kann.
- Legen Sie eine Hand auf die letzte Rippe, mit der anderen halten Sie den Schweif.
- Ziehen Sie vorsichtig am Schweif und drücken Sie gleichzeitig gegen die letzte Rippe, dann geben Sie wieder nach. Die ganze Bewegung sollte weniger als zwei Sekunden dauern.
- Wenn Ihr Pferd sich an diese Bewegung gewöhnt hat, erhöhen Sie den Druck, bis Sie sehen können, dass sich die Hinterhand gegen Ihren Zug stemmt und sich der Brustkorb von Ihnen wegbewegt.
- Arbeiten Sie sich langsam an eine achtmalige Wiederholung der Übung auf beiden Seiten heran.
- Fordern Sie zu Anfang nur eine kleine Bewegung und steigern Sie die Intensität der Übung mit der Zeit allmählich, damit Ihr Pferd diese ungewohnte Bewegung langsam kennenlernen kann.

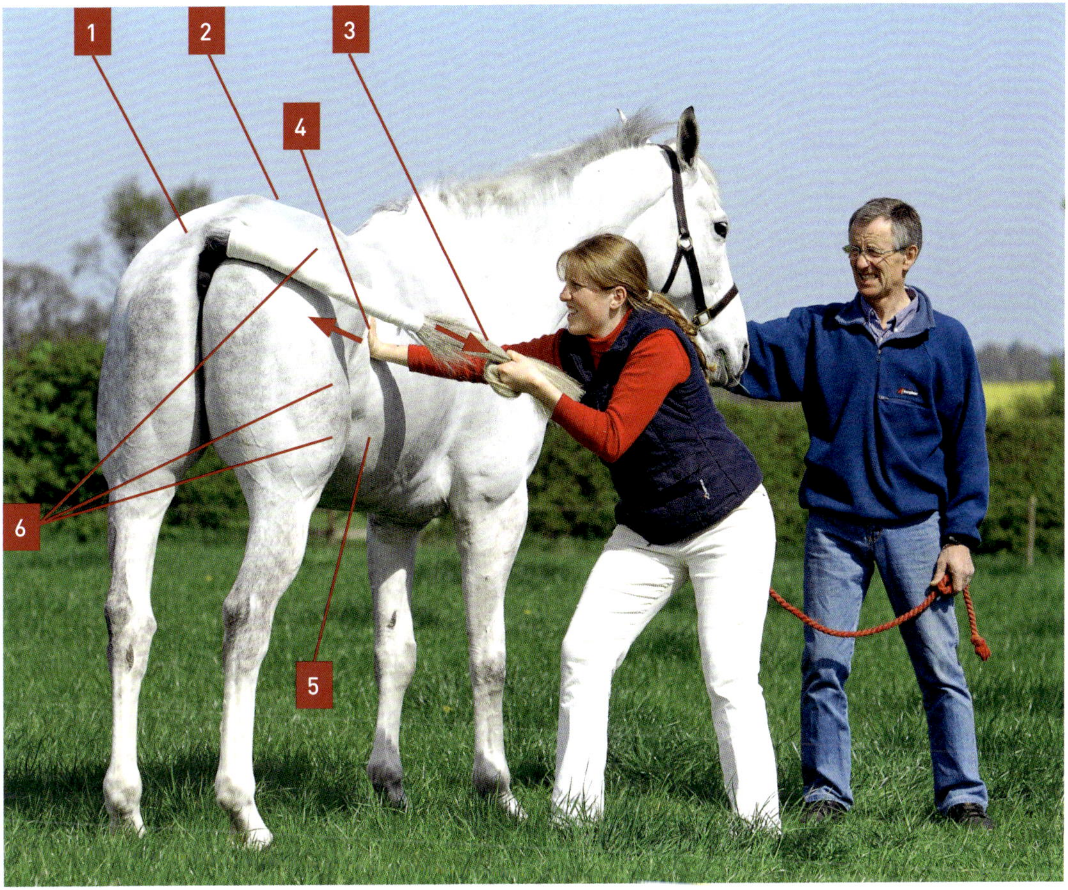

1 Die Muskeln der Hinterhand und des Schweifansatzes, einschließlich der Zwischenwirbel-Muskeln (Multifidi-Muskeln) und des Semitendinosus-Muskels an der Rückseite des Oberschenkels werden gedehnt.

2 Seitliche Dehnung im Brust- und Lendenbereich

3 Zugrichtung am Schweif

4 Richtung des Drucks gegen den Brustkorb

5 Die Bauchmuskeln werden stimuliert.

6 Die Becken- und Hüftstabilisatoren spannen sich an, sobald sich das Pferd gegen den Zug am Schweif stemmt.

Tipp

- Versuchen Sie, diese Übung in einem gleichmäßigen Rhythmus durchzuführen. Das hilft Ihrem Pferd, Gefallen daran zu finden.
- Legen Sie Ihre Hand auch einmal an eine andere Stelle der letzten Rippe, um die Bewegung leicht zu verändern.

Übungen für den Rücken

Den Schweif mobilisieren

Mit dieser Übung lassen sich Verspannungen im Schweifansatz lockern, die übrigens Ausdruck einer Verspannung weiter vorne in der Wirbelsäule sein können. Die Übung ist besonders für Pferde geeignet, die sich angewöhnt haben, ihren Schweif einzuklemmen. Die Schweifwirbel werden durch die Bewegungen mobilisiert und die für die Schweifbewegungen zuständigen Muskeln werden stimuliert. Dazu gehören die tiefen Zwischenwirbelmuskeln der Kreuz- und Schwanzwirbel ebenso wie der Ursprung des Semitendinosus-Muskels im Bereich der Schweiffaszie.

Achtung: Führen Sie diese Übung nur dann aus, wenn Sie sicher sind, dass Ihr Pferd nicht austritt!

Tipp

Sobald ein Pferd sich an diese Übung gewöhnt hat, wird es sie meist ausgesprochen genießen.

Nehmen Sie sich Zeit und Ruhe für diese Übung, damit Ihr Pferd entspannen kann.

So sieht die Übung aus

- Bevor Sie mit der Übung beginnen, stellen Sie sicher, dass Ihr Pferd weiß, dass Sie hinter ihm stehen.
- Umfassen Sie den Schweifansatz behutsam, aber trotzdem fest. Heben Sie den Schweif langsam an und beginnen Sie, einen Kreis zu beschreiben, den Sie nach und nach vergrößern. Führen Sie die Kreisbewegung drei- bis viermal durch, bevor Sie die Richtung ändern.
- Lassen Sie den Schweifansatz so lange behutsam kreisen, bis Sie spüren, dass sich die Muskeln entspannen. Dies kann ein wenig Zeit in Anspruch nehmen.

Übungen für den Rücken

Dehnen der gesamten Wirbelsäule

Diese Übung dehnt und stimuliert die Muskeln der gesamten Oberlinie sowie die mit ihnen in Verbindung stehenden Muskeln der gesamten Wirbelsäule. Sie ist besonders geeignet für Pferde, die sich gerne im Hals verkürzen und die leicht hinter die Senkrechte kommen. Am besten fügen Sie diese Übung täglich in die Abwärmphase nach dem Training ein.

So sieht die Übung aus

- Stellen Sie sicher, dass Ihr Pferd weiß, dass Sie hinter ihm stehen. Dann fassen Sie vorsichtig das Ende des Schweifs und lehnen sich langsam nach hinten zurück, sodass Ihr Körpergewicht am Schweif hängt. Ihr Pferd darf dabei ruhig seine Beinstellung verändern, um sich auszubalancieren.
- Eine zweite Person, die vor dem Pferd steht, kann es mithilfe einer Karotte animieren, Kopf und Hals zu strecken.
- Achten Sie darauf, dass sich der Kopf des Pferdes etwa in Höhe des Halsansatzes oder etwas unterhalb davon befindet.
- Halten Sie diese Position für 30 Sekunden.

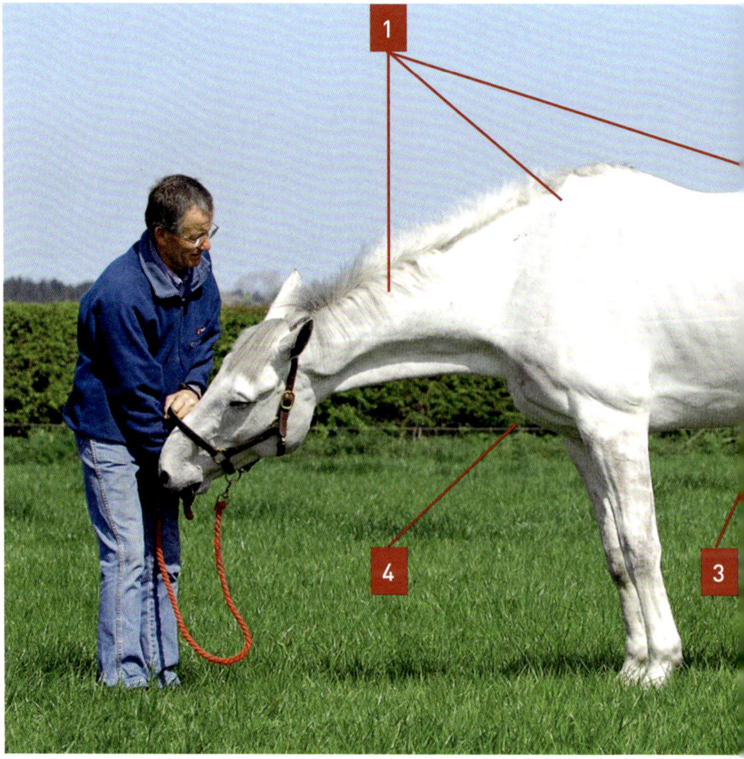

Tipp

- Falls keine zweite Person zur Hand ist, legen Sie Ihrem Pferd etwas Leckeres zum Fressen auf den Boden, während Sie am Schweif ziehen, um einen ähnlichen Dehnungseffekt zu erreichen.
- Stellen Sie die Füße auf eine Höhe mit den Händen.

1 Die Muskeln der Oberlinie von Hals, Rücken und Kruppe werden gedehnt.

2 Die Schweifmuskeln und -bänder werden gedehnt.

3 Die Bauchmuskeln spannen sich an.

4 Die Muskeln der thorakalen Muskelschlinge, die die Vorderbeine am Rumpf fixieren, spannen sich an.

004 In diesem Film sehen Sie die Übung: „Dehnen der gesamten Wirbelsäule".

Übungen für den gesamten Körper

Rückwärtsrichten

Das Rückwärtsrichten stärkt die Muskeln und Strukturen, die an der Versammlung und am Tragen des Reitergewichts beteiligt sind. Es aktiviert die Muskeln, die auch in Versammlung vermehrt arbeiten. Beim Rückwärtsrichten hebt und dehnt sich der Rücken, die Gegend um das Kreuzdarmbeingelenk (Iliosakralgelenk) wird aktiviert und das Lumbosakralgelenk zwischen Lendenwirbelsäule und Kreuzbein wird mobilisiert.

So sieht die Übung aus

- Halten Sie Ihr Pferd aus einem aktiven fleißigen Schritt heraus an.
- Fordern Sie Ihr Pferd durch sanften Druck auf die Brust und das Stallhalfter auf, rückwärts zu gehen. Mit der Zeit werden Sie dafür immer weniger Druck benötigen.
- Halten Sie dabei den Pferdekopf so tief wie möglich, damit das Pferd der Rücken aufwölbt. Falls Ihr Pferd die Tendenz hat, den Rücken wegzudrücken, können Sie mit einer Karotte dafür sorgen, dass es seinen Kopf tief hält.
- Vermeiden Sie, dass Ihr Pferd mit eiligen, kurzen Schritten und durchgedrücktem Rücken rückwärts tritt.
- Richten Sie Ihr Pferd mindestens zehn Schritte rückwärts, damit es einen Rhythmus finden kann.

Tipp

- Fügen Sie diese Übung in Ihre tägliche Routine ein, indem Sie Ihr Pferd rückwärts richten, bevor Sie aufsteigen.
- Führen Sie Ihr Pferd rückwärts eine leichte Schräge hinauf, um diese Übung zu erschweren.

1 Das Becken kippt ab, das Lumbosakralgelenk ist gebeugt und die Iliopsoas-Muskeln (Hüftbeuger) ziehen sich zusammen.

2 Der entspannte Rücken hebt sich, damit die Hinterbeine untertreten können.

3 Die Muskeln der Oberlinie sind korrekt aktiviert.

4 Achten Sie darauf, dass Kopf und Hals tief sind.

5 Lange, raumgreifende Schritte rückwärts.

6 Die Bauchmuskulatur spannt sich an, um den Rücken anzuheben.

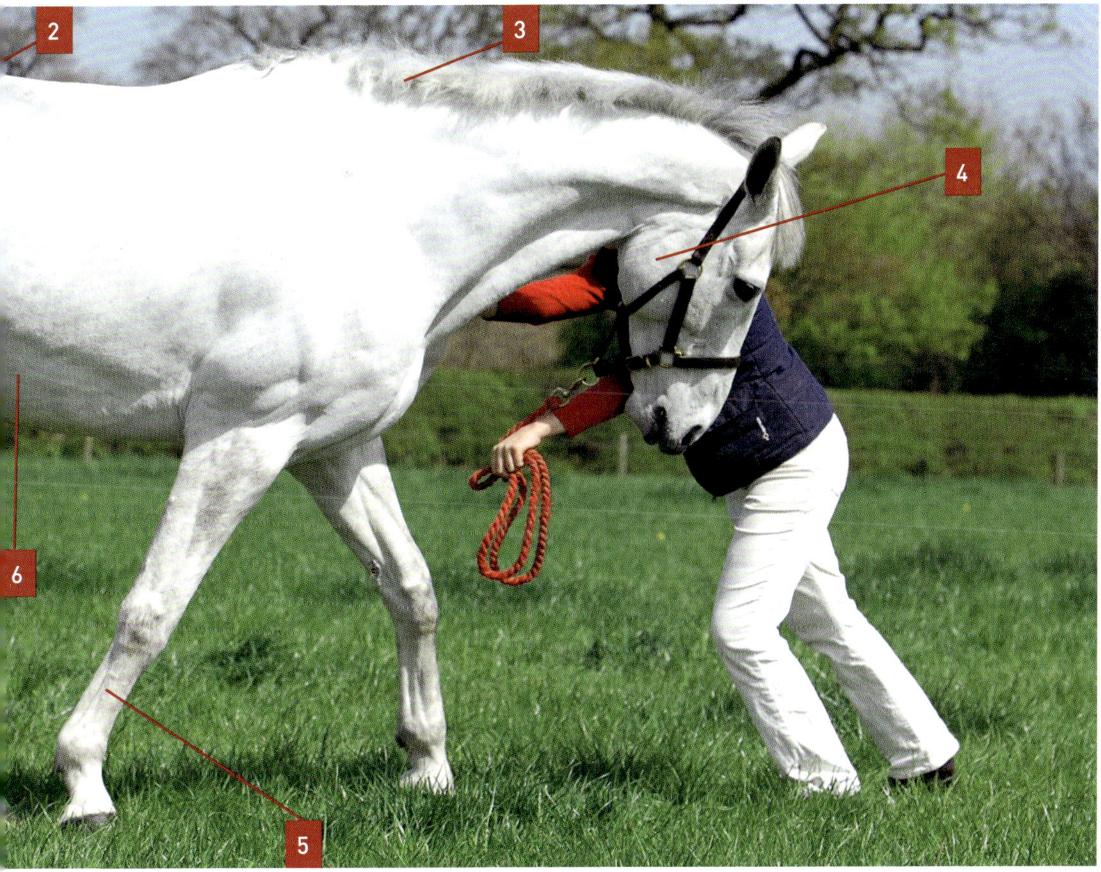

Übungen für den gesamten Körper

Kreiseln

Das Kreiseln aktiviert die Wirbelsäule, indem es eine seitliche Biegung durch den gesamten Pferdekörper erzeugt. Es fördert eine vermehrte Gewichtsaufnahme der inneren Hinterhand (Adduktion). So hilft es, Geschmeidigkeit, Biegungen und Seitengänge zu verbessern.

1 Die Hals- und Rückenmuskeln auf der Außenseite der Biegung werden gedehnt.

2 Die Muskeln der Hinterhand, die am Vorführen (Protraktion) und Seitwärtstreten (Abduktion) der Hintergliedmaße beteiligt sind, werden gedehnt.

So sieht die Übung aus

- Suchen Sie sich für diese Übung einen griffigen Untergrund.
- Stehen Sie in Höhe der Gurtlage, mit Blickrichtung zum Pferd. Fassen Sie den Führstrick mit der Hand, die näher am Kopf ist, um mit der anderen, freien Hand die Hinterhand anzutreiben.
- Fordern Sie Ihr Pferd auf, sich mit zu Ihnen gerichtetem Kopf in einem kleinen Kreis um Sie herum zu bewegen. Erlauben Sie ihm nicht, rückwärts zu treten.
- Berühren Sie während des Abfußens leicht das innere Hinterbein, damit es vermehrt unter den Körper tritt.

Tipp

- Das Kreiseln erfordert ein gewisses Maß an Übung und Geschicklichkeit von Pferd und Mensch. Führen Sie diese Übung täglich durch, um die Qualität der Schritte zu verbessern.
- Das Pferd sollte auf einem kleinen Zirkel gleichmäßig vorwärts treten, ohne auf dem inneren Vorderbein zu drehen oder rückwärts zu gehen. Falls das passieren sollte, lassen Sie Ihr Pferd auf einem etwas größeren Zirkel gehen, bevor Sie diesen wieder verkleinern.
- Versuchen Sie, den Schritt des Pferdes fleißig zu halten und lassen Sie es täglich drei enge Volten auf jeder Hand gehen.

1 Die Hals- und Rückenmuskeln auf der Außenseite der Biegung werden gedehnt.

2 Die Muskeln auf der Innenseite der Körperbiegung werden gekräftigt.

3 Die Hüftgelenke rotieren, wenn die Hinterbeine unter den Schwerpunkt (Adduktion) und von ihm weg treten (Abduktion).

4 Die Bauchmuskeln kommen zum Einsatz, wenn das innere Hinterbein unter den Körper tritt.

005 In diesem Film sehen Sie die Übung: „Kreiseln".

Übungen für den gesamten Körper

Schritt über ein Cavaletti

Diese Übung verbessert die Beweglichkeit von Schultern und Ellbogen, Hüfte, Knie und Sprunggelenk. Sie stärkt die Strukturen, die an der Versammlung, der Beugung der Hüfte und der Stabilisierung des Beckens beteiligt sind.

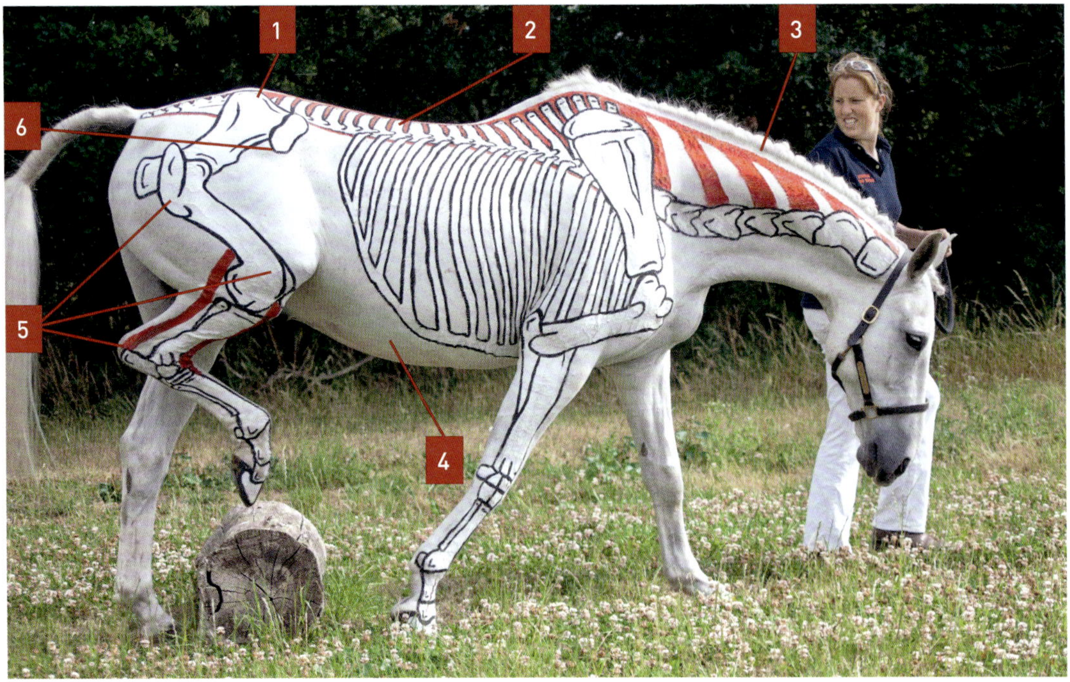

1 Das Lumbosakralgelenk ist gebeugt und das Iliosakralgelenk ist aktiviert.

2 Der entspannte Rücken hebt sich, damit die Hinterbeine über die Stange treten können.

3 Achten Sie darauf, dass Kopf und Hals tief sind.

4 Die Bauchmuskeln helfen, den Rücken aufzuwölben und die Hinterhand zu beugen.

5 Hüfte, Knie und Sprunggelenk sind gebeugt.

6 Die Muskeln, die das Becken stabilisieren, sind im Einsatz.

So sieht die Übung aus

- Führen Sie Ihr Pferd langsam über eine am Boden liegende Stange.
- Heben Sie die Stange nach und nach an, bis sie auf Höhe des Karpalgelenks ist.
- Fordern Sie Ihr Pferd auf, den Kopf zu senken und die Stange anzuschauen.
- Diese Übung kann vom Boden oder vom Sattel aus durchgeführt werden.
- Nehmen Sie diese Übung ins tägliche Programm mit auf.

Tipp

- Der Schritt fordert eine größere Beugung in den Gelenken als der Trab.
- Platzieren Sie eine erhöhte Stange dort, wo das Pferd regelmäßig darüber hinweg steigen muss – zum Beispiel auf dem Weg zur und von der Koppel.
- Nutzen Sie Baumstämme oder hohes Gras als Hindernisse beim Ausreiten.

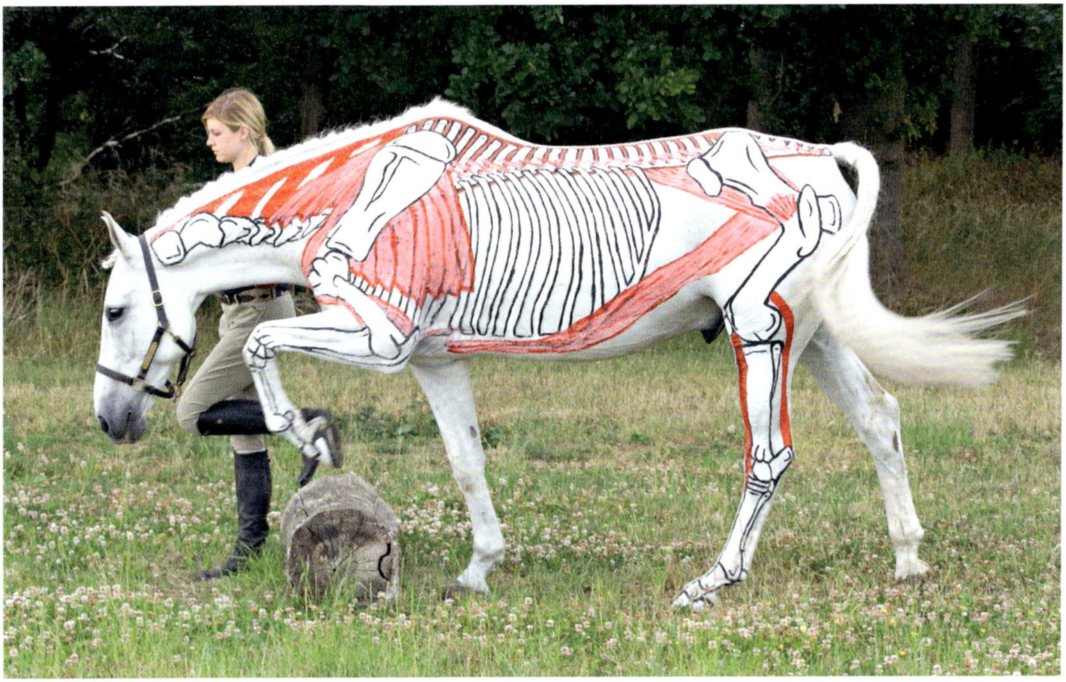

Schritt über ein Hindernis fördert ausdrucksstarke Bewegungen und die Balance.

Übungen für den gesamten Körper

Seitlich über ein Cavaletti treten

Diese Variante des Schrittgehens über ein Cavaletti erhöht die Geschmeidigkeit und den Bewegungsradius der für die Seitengänge wichtigen Gelenke und Muskeln. Sie stärkt insbesondere die an den Seitwärtsbewegungen der Beine beteiligten Muskeln, aber auch die an der Versammlung, der Beugung der Hüfte und der Stabilisierung des Beckens beteiligten Strukturen.
Die Geschmeidigkeit und Beweglichkeit in Schultern und Ellbogen, Hüfte, Knie und Sprunggelenk werden verbessert.

1 Die entspannten Muskeln der Oberlinie ermöglichen es dem Pferd, sich in den Schultern zu heben und den Kopf tiefer zu tragen.

2 Die Brustmuskeln dehnen sich, um das Seitwärtstreten der Vorderbeine zu ermöglichen.

So sieht die Übung aus

- Beginnen Sie mit einer auf dem Boden liegenden Stange.
- Erhöhen Sie die Stange allmählich, bis sie mit dem Vorderfußwurzelgelenk auf einer Ebene ist.
- Lassen Sie Ihr Pferd diagonal über die Stange treten und fordern Sie es auf, dabei den Kopf tief zu halten.
- Verringern Sie den Winkel zur Stange von Mal zu Mal.
- Sie können Ihr Pferd an der Hand oder unter dem Reiter über das Cavaletti treten lassen.
- Führen Sie diese Übung täglich durch.

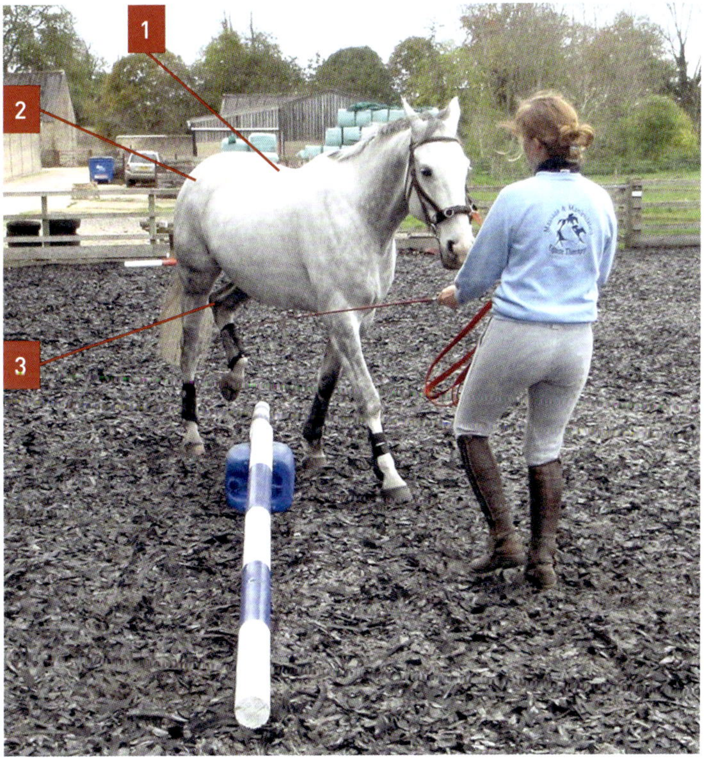

1 Der entspannte Rücken hebt sich, damit die Hinterbeine über die Stange treten können.

2 Die Muskeln, die das Becken stabilisieren, sind aktiv.

3 Hüfte, Knie und Sprunggelenk werden gebeugt.

Tipp

Führen Sie diese Übung auf beiden Händen durch.

Übungen für die Beine

Strecken des Vorderbeins nach vorne

Diese Übung lindert Steifheit in den Vorderbeinen und hilft jungen Pferden, ihre Körperwahrnehmung zu verbessern. Sie können sie nutzen, um die Schrittlänge Ihres Pferdes zu vergrößern. Beim Strecken des Vorderbeins werden die Muskeln gedehnt, die für das Zurückführen des Vorderbeins (Retraktion) zuständig sind: der Trizeps-Muskel, der breite Rückenmuskel (Latissimus dorsi) und die Muskeln, die an der Rückseite der Vorhand entlang Richtung Huf ziehen.

So sieht die Übung aus

- Nehmen Sie den Huf des Vorderbeins auf, als ob Sie ihn auskratzen wollten und warten Sie, bis das Bein locker ist.
- Führen Sie dann das Bein nach vorne, um das Pferd zu einer Dehnung zu motivieren.
- Halten Sie das Bein tief, sodass der Huf in Richtung Boden zeigt.
- Geben Sie dem Pferd bei dieser Übung die Möglichkeit, sich selbst in die Dehnung zu strecken, statt dass Sie diese aktiv einfordern.
- Fassen Sie das Bein sicher, sodass Ihr Pferd sich vertrauensvoll entspannt und zulässt, dass sein Bein in dieser ungewohnten Position gehalten wird.
- Eine größere Dehnung erzeugen Sie, wenn Sie das Bein an der Unterseite des Hufs fassen und/oder leichten Druck auf den Ellbogenhöcker ausüben, um die Gelenke weiter zu strecken.
- Halten Sie diese Position so lange Ihr Pferd es zulässt, jedoch nicht länger als fünfzehn Sekunden.

Wenn bekannt ist, dass Ihr Pferd Probleme im Vordfußwurzelgelenk hat, können Sie das Vorderbein wie in diesem Bild gezeigt dehnen.

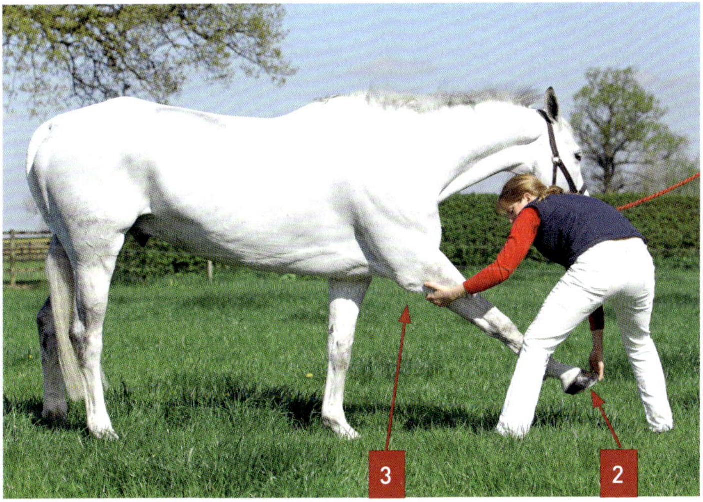

1 Trizeps-Muskel und Latissimus-dorsi-Muskel werden gestreckt.

2 Eine größere Dehnung der Karpal- und Zehenbeugemuskeln erreichen Sie, indem Sie das Vorderbein an der Unterseite des Hufs fassen.

3 Leichter Druck auf den Ellbogenhöcker fördert eine größere Dehnung.

Tipp

- Beginnen Sie mit einer kleinen Dehnung und vergrößern Sie sie allmählich über mehrere Tage. Es kann einige Zeit dauern, bis das Pferd das Vertrauen und die Fähigkeit entwickelt, sich in diese Dehnung zu strecken.
- Achten Sie auf Ihre eigene Haltung, um Ihren Rücken nicht zu sehr zu strapazieren.
- Legen Sie ein Handtuch um die Fessel, um das Gewicht des Beins besser tragen zu können.

Übungen für die Beine

Strecken des Vorderbeins zur Seite

Diese Übung hilft jungen Pferden, ihre Körperwahrnehmung zu verbessern, lindert Steifheit in der Vorhand und vergrößert die Schrittlänge. Sie dehnt die für die Seitengänge wichtigen Abduktoren und Adduktoren – die das Bein zur Seite führen und wieder unter den Schwerpunkt ziehen – ebenso wie den Trizeps und andere Muskeln an der Hinterseite der Vorhand, die für das Zurückziehen des Vorderbeins (Retraktion) notwendig sind.

Die Adduktoren und die thorakale Muskelschlinge an der Innenseite der Vorhand werden gedehnt.

Tipp

- Beginnen Sie mit einer kleinen Dehnung und vergrößern Sie diese allmählich über mehrere Tage. Es kann einige Zeit dauern, bis das Pferd die Fähigkeit und das Vertrauen entwickelt, sich in diese Dehnung zu strecken. Nehmen Sie sich die hierfür nötige Ruhe und Zeit.
- Achten Sie auf Ihre eigene Haltung, um Ihren Rücken nicht zu sehr zu strapazieren.
- Legen Sie ein Handtuch um das Fesselbein. So können Sie das Gewicht des Beins leichter tragen.

So sieht die Übung aus

- Stehen Sie mit Blickrichtung zur Hinterhand und heben Sie den Huf der Vorhand an. Stellen Sie sicher, dass das Bein entspannt ist, bevor Sie beginnen es zu mobilisieren.
- Ermuntern Sie das Pferd, sich zu dehnen, indem Sie das Bein nach vorne führen. Halten Sie den Huf während der gesamten Übung tief.
- Halten Sie das Bein sicher fest, sodass sich das Pferd vertrauensvoll in die Dehnung strecken und das Bein entspannen kann.
- Bei dieser Übung geht es darum, dem Pferd die Gelegenheit zu geben, sich selbst in die Dehnung zu strecken und nicht darum, dass Sie das Vorderbein des Pferdes dehnen.
- Behalten Sie die Streckung nach vorne bei und:
  1. Führen Sie den Huf zuerst bis zu einem Winkel von ungefähr 40 Grad weg vom Körper (Abduktion, Foto 1).
  2. Führen Sie den Huf dann bis zu einem Winkel von ungefähr 40 Grad zur anderen Körperseite des Pferdes (Adduktion, Foto 2).
- Halten Sie die jeweilige Position möglichst für bis zu fünfzehn Sekunden.

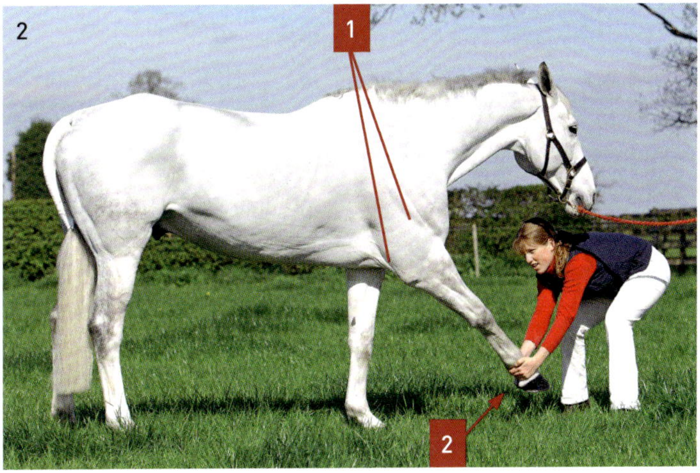

1 Die Abduktoren an der Außenseite der Vorhand werden gedehnt.

2 Wenn Sie das Bein an der Unterseite des Hufs festhalten, fördern Sie die Dehnung. Seien Sie dabei jedoch sehr vorsichtig, damit Ihr Pferd nicht auf Ihre Finger tritt!

Um die Dehnung zu variieren und zu vergrößern, versuchen Sie mit Hilfe einer zweiten Person und einer Karotte, Kopf und Hals des Pferdes in die entgegengesetzte Richtung zu biegen.

Übungen für die Beine

Strecken des Vorderbeins nach hinten

Diese Übung dehnt die Muskeln, die für das Vorwärtsführen (Protraktion) des Vorderbeins verantwortlich sind.
Sie hilft jungen Pferden, ihre Körperwahrnehmung zu verbessern, lindert Steifheit in der Vorhand und vergrößert die Schrittlänge sowie die Bewegungsfreiheit der Schulter.

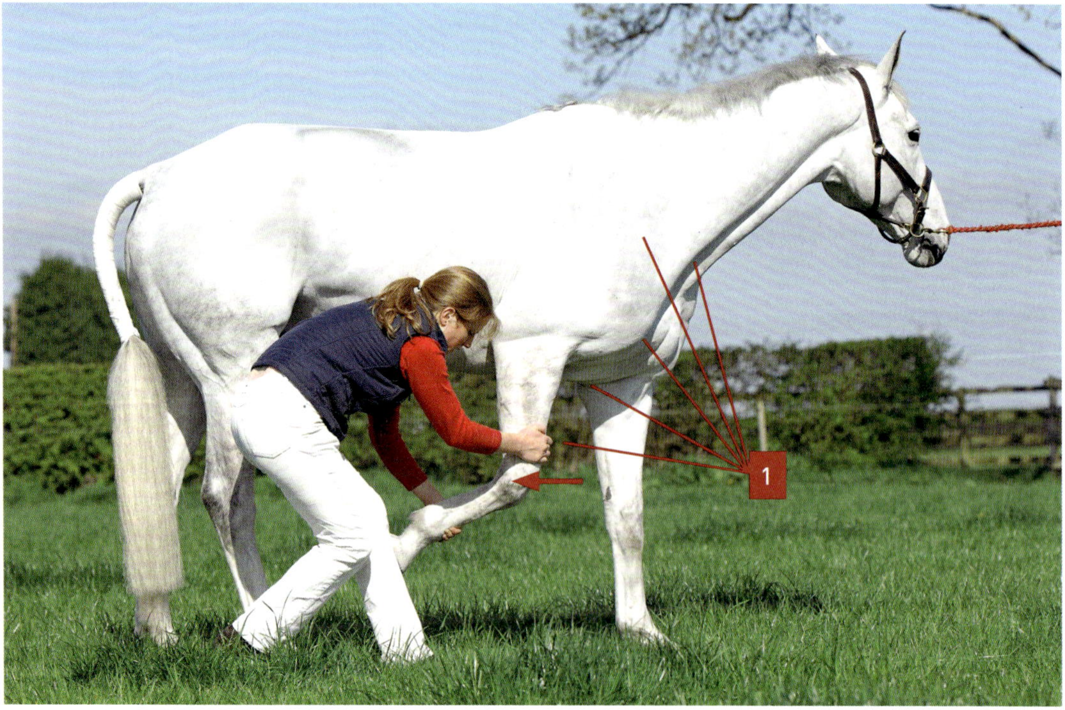

1 Die für die Protraktion zuständigen Muskeln und die vor der Schulter entlang ziehenden Muskeln werden gedehnt. Dazu gehören der Biceps-brachii-Muskel, die Brustmuskeln und der vom Kopf zum Oberarm ziehende Brachiocephalicus-Muskel.

So sieht die Übung aus

- Stehen Sie mit Blickrichtung zum Kopf und nehmen Sie den Vorderhuf auf, indem Sie das Bein sowohl oberhalb des Fesselgelenks als auch oberhalb des Vorderfußwurzelgelenks anheben.
- Halten Sie das Bein in der gebeugten Position, bis Sie spüren, dass sich das Pferd entspannt.
- Erhöhen Sie allmählich den Druck auf den oberen Teil des Beins, sodass das Karpalgelenk weiter nach hinten kommt.
- Versuchen Sie, diese Position für drei bis fünf Sekunden zu halten.
- Wiederholen Sie die Übung auf jeder Seite dreimal.

Versuchen Sie mit Hilfe einer zweiten Person und einer Karotte, den Kopf des Pferdes in die entgegengesetzte Richtung zu biegen. Dies vergrößert die Dehnung erheblich, vor allem in den Muskeln am Halsansatz.

Tipp

- Ein guter Moment, diese Übung durchzuführen, ist direkt nach getaner Arbeit.
- Beginnen Sie mit einer kleinen Dehnung und vergrößern Sie sie allmählich über mehrere Tage hinweg.
- Halten Sie das Bein oberhalb des Fesselgelenks, damit das Pferd sich entspannen und sein Bein nach hinten strecken kann.
- Achten Sie auf Ihre eigene Haltung, um Ihren Rücken nicht zu sehr zu strapazieren.

Übungen für die Beine

Dehnen des Ellbogengelenks

Diese Übung verbessert die Beweglichkeit des Ellbogens und des Vorderbeins. Sie dehnt die Muskeln, die das Ellbogengelenk strecken, vor allem den Trizeps-Muskel. Die Ellbogendehnung ist besonders nützlich für Springpferde und kann auch zur Mobilisierung bei Boxenruhe eingesetzt werden. Allerdings sollten Sie bei Pferden, denen Boxenruhe verordnet wurde, vorher mit Ihrem Tierarzt besprechen, ob negative Auswirkungen auf die Heilung eventueller Verletzungen zu befürchten sind.

1

So sieht die Übung aus

- Stehen Sie mit Blickrichtung zum Schweif und nehmen Sie das Vorderbein auf.
- **1** Sobald das Bein entspannt ist, heben Sie das Vorderfußwurzelgelenk allmählich sanft bis zu einem Winkel von 40 - 45 Grad an. Achten Sie besonders darauf, dass Sie das Karpalgelenk nicht vollständig beugen. Halten Sie diese Position für fünf bis fünfzehn Sekunden. Nach ein paar Sekunden wird sich das Pferd weiter entspannen und Sie können die Dehnung vielleicht verstärken. Manchmal ist es hilfreich, den oberen Teil des Röhrbeins auf der eigenen Hüfte abzustützen. Wiederholen Sie die Übung drei- bis fünfmal.
- **2** Halten Sie den Unterarm des Pferdes waagerecht und lassen Sie das untere Bein bequem ausruhen, sodass das Karpalgelenk nicht voll gebeugt ist. Drücken Sie das Karpalgelenk Richtung gegenüberliegende Körperseite des Pferdes, sodass es eher diagonal nach innen als nach vorne zeigt. Halten Sie diese Position für drei bis fünf Sekunden. Wiederholen Sie die Übung drei- bis fünfmal.

Tipp

- Fassen Sie das Vorderbein fest und sicher, sodass Ihr Pferd sich vertrauensvoll entspannen und Ihnen erlauben kann, sein Bein zu bewegen.
- Halten Sie den unteren Teil des Beins auf gleicher Linie mit dem Unterarm, damit das Karpalgelenk nicht in sich verdreht wird.

2

Halten Sie den Unterarm des Pferdes waagerecht und beugen Sie das Vorderfußwurzelgelenk nicht voll.

Übungen für die Beine

Dehnen der Brustmuskeln

Diese Übung dehnt die für die Seitengänge wichtigen Brustmuskeln. Sie hilft jungen Pferden, ihre Körperwahrnehmung zu verbessern, lindert Steifheit in der Vorhand und vergrößert die Beweglichkeit der Schulter sowie die Schrittlänge.
Die Brustmuskeln auf der Innenseite des Vorderbeins verbinden die Vordergliedmaße mit dem Rumpf (thorakale Muskelschlinge) und ziehen sie in den Seitengängen in Richtung Schwerpunkt (Adduktion).

So sieht die Übung aus

Nehmen Sie das Vorderbein und halten Sie es so, dass das Vorderfußwurzelgelenk locker gebeugt ist.
Wichtig: Achten Sie darauf, dass Sie das Röhrbein in einer Linie direkt unterhalb des Unterarms des Pferdes halten, damit das Karpalgelenk nicht in sich verdreht wird.

- Stehen Sie seitlich mit Blickrichtung zum Pferd. Unterstützen Sie den unteren Teil des Beins und ziehen Sie es vorsichtig, mit leichtem Druck auf den Unterarm, weg vom Pferdekörper.
- Drehen Sie sich vor das Pferd und schauen Sie in Richtung Kruppe. Drücken Sie das Karpalgelenk behutsam in Richtung Körpermitte des Pferdes. Um diese Position zu halten, können Sie Ihre Hüfte einsetzen. Fassen Sie dann den Ellbogenhöcker und ziehen Sie ihn sanft vom Pferdekörper weg.

Halten Sie jede Position für drei bis fünf Sekunden und lassen Sie dann locker. Wiederholen Sie die Übung drei- bis fünfmal.

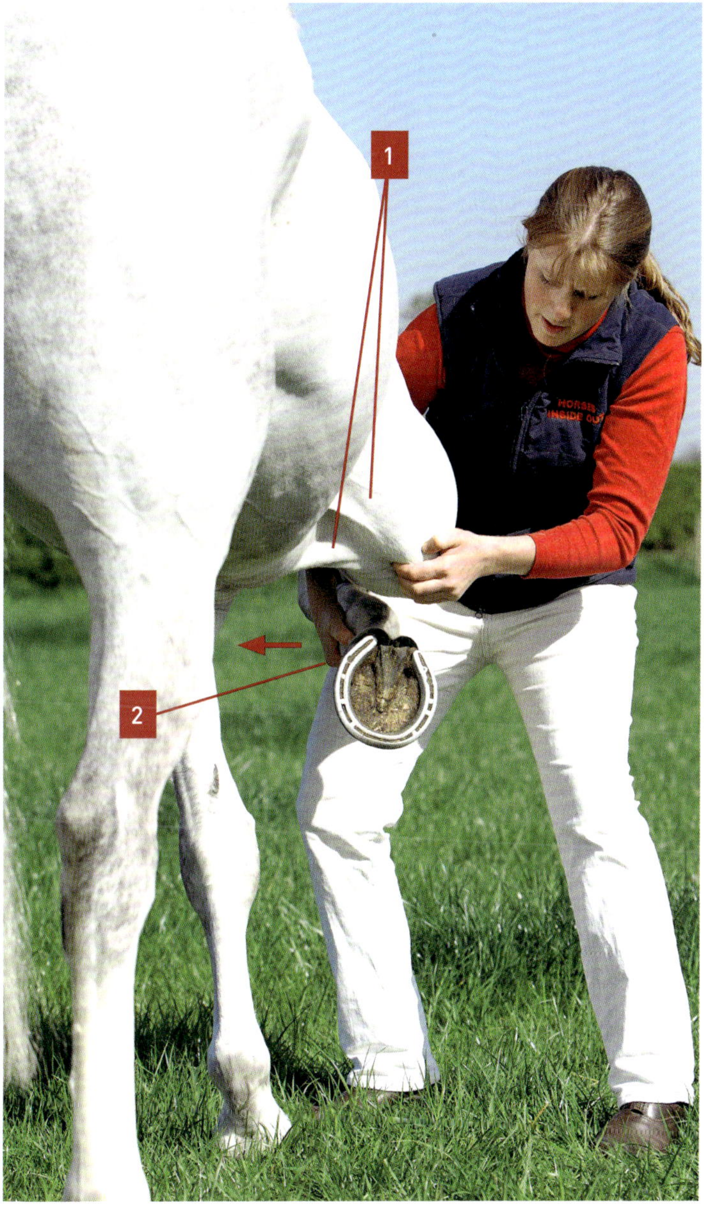

Tipp

- Halten Sie das Vorderbein sicher fest, sodass Ihr Pferd sich entspannen und Ihnen erlauben kann, sein Bein zu halten und zu bewegen.
- Halten Sie das Bein oberhalb des Fesselgelenks. Wird das Bein mit einem gebeugten Fesselgelenk gehalten, regt dies das Pferd an, einen Schritt nach vorne zu machen, da diese Position ein Bewegungsmuster abruft.

1 Dehnung des Brustmuskels und der thorakalen Muskelschlinge

2 Das Röhrbein ist mit dem Unterarm auf einer Linie, um sicher zu stellen, dass das Karpalgelenk nicht verdreht wird.

Übungen für die Beine

Mobilisieren des Karpalgelenks

Das auch als Vorderfußwurzelgelenk bekannte Karpalgelenk wird durch diese Übung beweglicher, die Streckmuskeln des Gelenks werden gedehnt und die Produktion von Gelenkschmiere wird angeregt. Die Mobilisation des Karpalgelenks ist besonders nützlich für Pferde, denen Boxenruhe verordnet wurde. Fragen Sie jedoch vorher Ihren Tierarzt, ob diese Übung negative Auswirkungen auf die Heilung der jeweiligen Verletzung haben kann.

Tipp

- Halten Sie das Vorderbein sicher fest, sodass Ihr Pferd sich entspannen und Ihnen erlauben kann, sein Bein zu halten und zu bewegen.
- Halten Sie das Bein oberhalb des Fesselgelenks, um das Entspannen der Beinmuskeln zu unterstützen.
- Versuchen Sie niemals, das Gelenk über den natürlichen Widerstand hinaus zu bewegen.

3

So sieht die Übung aus

- Stehen Sie mit Blickrichtung zur Kruppe und nehmen Sie das Bein so auf, dass Sie den unteren Teil des Beins waagerecht halten. Stellen Sie sicher, dass das Bein entspannt ist, bevor Sie mit der Mobilisierung beginnen.
- Halten Sie das Karpalgelenk still, während Sie den Huf vorsichtig so weit zum Pferdekörper hin (1) und vom Pferdekörper weg (2) bewegen, wie es das Karpalgelenk zulässt. Wiederholen Sie diese Seitwärtsbewegung langsam bis zu zehnmal zu jeder Seite.
- Heben Sie den Huf bis zum Ellbogen, sodass das Karpalgelenk vollkommen gebeugt ist (3). Halten Sie diese Position drei bis vier Sekunden lang, bevor Sie den Huf wieder senken. Wiederholen Sie diese Übung zwei- bis dreimal.

006 In diesem Film sehen Sie eine weitere Ausführung der Übung: „Mobilisieren des Karpalgelenks".

Übungen für die Beine

Mobilisieren des Fesselgelenks

Diese Übung mobilisiert das Fesselgelenk in seinem mittleren Bewegungsradius und regt die Produktion von Gelenkflüssigkeit an. Da sie hilft, die Beweglichkeit des Fesselgelenks zu erhalten und das Maß an Steifheit zu verringern, ist diese Mobilisation besonders hilfreich für Pferde, denen Boxenruhe verordnet wurde. Fragen Sie jedoch vorher Ihren Tierarzt, ob diese Übung negative Auswirkungen auf die Heilung der jeweiligen Verletzung haben kann.

Tipp

- Fassen Sie das Bein sicher, sodass sich Ihr Pferd vertrauensvoll entspannen und zulassen kann, dass sein Bein von Ihnen gehalten und bewegt wird.
- Heben Sie das Bein zu Beginn über die Höhe des Fesselgelenks an. Lassen Sie den Huf nach unten hängen, damit sich das Pferd vollkommen entspannen kann, bevor Sie mit der Aktivierung beginnen.

So sieht die Übung aus

- Stehen Sie mit Blickrichtung zur Kruppe und nehmen Sie den Huf auf.
- Stellen Sie sicher, dass das Bein entspannt ist, bevor Sie mit der Mobilisierung des Fesselgelenks beginnen.
- Halten Sie den unteren Teil des Beins waagerecht.
- Beugen Sie das Fesselgelenk, indem Sie den Huf langsam nach oben ziehen (1).
- Drücken Sie den Huf langsam nach unten, um das Fesselgelenk zu dehnen (2).
  Da es eine Tonne Gewichtskraft braucht, um das Fesselgelenk vollständig zu dehnen, ist bei dieser Übung nur ein mittlerer Bewegungsrahmen möglich.
- Unterstützen Sie das Bein mit einer Hand am Fesselgelenk und fassen Sie mit der anderen Hand die Hufsohle. Drehen Sie den Fuß vorsichtig gegen den Uhrzeigersinn (3) …
- … und im Uhrzeigersinn (4). Diese Übung erzeugt eine kleine Bewegung sowohl im Kron- und Hufgelenk als auch im Fesselgelenk.

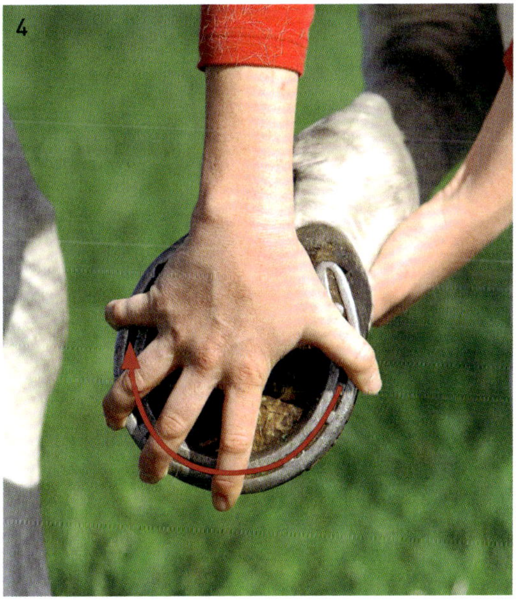

Übungen für die Beine

Dehnen des Hinterbeins nach vorne

Diese Übung lindert Steifheit in den Hinterbeinen und hilft jungen Pferden, ihre Körperwahrnehmung zu verbessern. Sie können sie nutzen, um die Schrittlänge Ihres Pferdes zu vergrößern. Beim Strecken des Hinterbeins werden die Muskeln gedehnt, die für das Zurückführen des Hinterbeins (Retraktion) zuständig sind: die Kruppenmuskulatur und die an der Rückseite des Hinterbeins verlaufenden Oberschenkelmuskeln.
Führen Sie diese Übung nur durch, wenn Sie es sich wirklich zutrauen und ganz sicher sein können, dass Ihr Pferd Sie nicht tritt.

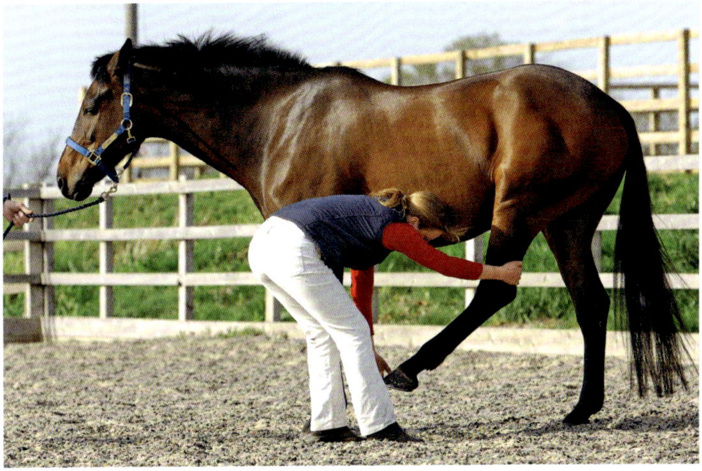

Fassen Sie das Bein mit einer Hand oberhalb des Sprunggelenks, um das Bein zu führen und um die Dehnung anzuregen.

So sieht die Übung aus

- Stehen Sie mit Blick zum Schweif und nehmen Sie einen Hinterhuf auf. Sobald das Bein entspannt ist, führen Sie es nach vorne, um eine eigenständige Dehnung des Pferdes anzuregen.
- Fassen Sie den Huf vorne und halten Sie ihn tief, sodass er in Richtung Fesselgelenk des Vorderbeins zeigt.
- In dieser Übung ist es wichtig, dass das Pferd die Gelegenheit bekommt, sich selbst in die Dehnung zu strecken und nicht aktiv gedehnt wird.
- Fassen Sie das Bein sicher, sodass sich Ihr Pferd vertrauensvoll entspannen und zulassen kann, dass sein Bein in dieser ungewohnten Position gehalten wird.
- Wenn das Pferd es zulässt, halten Sie diese Position für fünfzehn Sekunden.

1 Die Oberschenkelmuskulatur, der Wadenmuskel und die oberflächlichen Zehenbeugemuskeln werden gedehnt.

2 Wenn Sie das Bein an der Unterseite des Hufs festhalten, fördern Sie die Dehnung. Seien Sie dabei jedoch sehr vorsichtig, damit Ihr Pferd nicht auf Ihre Finger tritt!

Tipp

- Beginnen Sie mit einer kleinen Dehnung und vergrößern Sie sie allmählich über mehrere Tage. Es kann einige Zeit dauern, bis das Pferd die Fähigkeit und das Vertrauen entwickelt hat, sich in diese Dehnung zu strecken.
- Achten Sie auf Ihre eigene Körperhaltung, um Ihren Rücken nicht zu sehr zu strapazieren.
- Legen Sie ein Handtuch um das Fesselbein. So können Sie das Gewicht des Beins leichter unterstützen.

Übungen für die Beine

Dehnen des Hinterbeins zur Seite

Diese Übung hilft jungen Pferden, eine gute Körperwahrnehmung zu entwickeln. Sie können sie nutzen, um die Schrittlänge Ihres Pferdes zu vergrößern und Steifheit in der Hinterhand zu lösen. Die Muskeln, die das Hinterbein in Seitengängen zur Seite führen (Abduktoren) und wieder heranziehen (Adduktoren), werden bei dieser Übung ebenso gedehnt, wie die Kruppenmuskeln und die Oberschenkelmuskeln an der Rückseite der Hinterhand, die das Bein nach hinten führen (Retraktion).

Dehnen der Adduktoren

- Stellen Sie sich mit Blick zum Schweif hin und nehmen Sie einen Hinterfuß auf. Sobald das Bein entspannt ist, führen Sie es nach vorne, um eine eigenständige Dehnung des Pferdes anzuregen.
- Führen Sie den Huf nach vorne und unten, sodass er in Richtung Fesselgelenk des Vorderbeins derselben Seite zeigt und danach in einem 45-Grad-Winkel seitlich nach außen.
- Wenn das Pferd es zulässt, halten Sie diese Position für fünfzehn Sekunden.

1 Die Adduktoren der Hinterhand und die Hinterbackenmuskeln werden gedehnt.

2 Wenn Sie das Bein an der Unterseite des Hufs festhalten, fördern Sie die Dehnung. Seien Sie dabei jedoch sehr vorsichtig, damit Ihr Pferd nicht auf Ihre Finger tritt.

1 Die Abduktoren der Hinterhand und die Hinterbackenmuskeln werden gedehnt.

Dehnen der Abduktoren und Retraktoren

- Stellen Sie sich mit Blick zum Schweif hin und nehmen Sie den Hinterfuß der gegenüberliegenden Seite auf. Sobald das Bein entspannt ist, führen Sie es nach vorne, um eine eigenständige Dehnung des Pferdes anzuregen.
- Führen Sie den Huf nach vorne und unten, sodass er in Richtung Fesselgelenk des Vorderbeins derselben Seite zeigt und führen Sie ihn dann unter der Mittellinie des Pferdes hindurch bis zu einem Winkel von etwa 45 Grad zu sich hinüber.
- Wenn das Pferd es zulässt, halten Sie diese Position für fünfzehn Sekunden.

So sieht die Übung aus

- Fassen Sie das Hinterbein sicher, sodass Ihr Pferd sich vertrauensvoll entspannen und zulassen kann, dass sein Bein in dieser ungewohnten Position gehalten wird.
- Bei dieser Übung geht es darum, dem Pferd die Gelegenheit zu geben, sich selbst in die Dehnung zu strecken und nicht darum, dass Sie das Hinterbein des Pferdes dehnen.

Führen Sie diese Übung nur durch, wenn Sie es sich wirklich zutrauen und ganz sicher sein können, dass Ihr Pferd Sie nicht tritt.

Tipp

- Beginnen Sie mit einer kleinen Dehnung und vergrößern Sie sie allmählich über mehrere Tage. Es kann einige Zeit dauern, bis das Pferd die Fähigkeit und das Vertrauen entwickelt, sich in diese Dehnung zu strecken.
- Achten Sie auf Ihre eigene Körperhaltung, um Ihren Rücken nicht zu sehr zu strapazieren.
- Legen Sie ein Handtuch um das Fesselbein. So können Sie das Gewicht des Beins leichter unterstützen.

Übungen für die Beine

Dehnen des Hinterbeins nach hinten

Diese Dehnübung ist besonders empfehlenswert für Pferde, die häufig in Versammlung, beziehungsweise in einem verkürzten Rahmen gehen, da hier die Muskeln gedehnt werden, die das Hinterbein nach vorne führen und für die Versammlung gebraucht werden. Sie lindert Steifheit in den Hinterbeinen und hilft jungen Pferden, ihre Körperwahrnehmung zu verbessern. Sie können sie nutzen, um die Schrittlänge Ihres Pferdes zu vergrößern.

Führen Sie diese Übung nur durch, wenn Sie es sich wirklich zutrauen und ganz sicher sein können, dass Ihr Pferd Sie nicht tritt.

Tipp

- Beginnen Sie mit einer kleinen Dehnung und vergrößern Sie sie allmählich über mehrere Tage. Es kann einige Zeit dauern, bis das Pferd die Fähigkeit und das Vertrauen entwickelt, sich in diese Dehnung zu strecken.
- Zum Schutz Ihres eigenen Rückens achten Sie bitte auf Ihre Körperhaltung während Sie die Übung durchführen.

So sieht die Übung aus

- Stellen Sie sich neben die Hinterhand mit Blick auf den Schweif.
- Fassen Sie den Fuß und halten Sie das Bein in einer gebeugten Position, bis Sie merken, dass sich das Pferd entspannt und Sie das Gewicht übernehmen können.
- Legen Sie das Bein auf Ihren Oberschenkel und versuchen Sie dann ganz allmählich das Pferd anzuregen, sein Bein nach hinten zu strecken. Das Gewicht mit Ihrem Oberschenkel abzustützen, und nicht mit Ihrem Oberkörper, schont Ihren Rücken.
- Veranlassen Sie Ihr Pferd, sein Sprunggelenk zu strecken, indem Sie vorsichtig auf die Achillessehne drücken, die sich oberhalb des Sprunggelenks (Fersenbeinhöckers) befindet.
- Versuchen Sie zu erreichen, dass Ihr Pferd diese Position für fünf bis zehn Sekunden hält.
- Wiederholen Sie diese Übung dreimal.

1 Das Becken kann abkippen und so das Lumbosakralgelenk (Lendenwirbel-Kreuzbein-Gelenk) dehnen.

2 Aufgrund der sogenannten Spannsägenkonstruktion wird durch die Dehnung des Sprunggelenks das gleiche Maß an Dehnung im Kniegelenk hervorgerufen.

3 Die Muskeln, die die Hinterhand nach vorne führen, werden gedehnt.

Skelett und Muskulatur

Die folgenden Übersichten zu Skelett und Muskulatur des Pferdes helfen Ihnen, die an den Übungen beteiligten Körperteile zuordnen und erkennen zu können.
Zum besseren Verständnis haben wir die lateinischen Fachbegriffe sowie die gebräuchlichen Bezeichnungen aufgeführt.

Das Exterieur des Pferdes

Die gebräuchlichen Bezeichnungen für die verschiedenen Körperteile des Pferdes sind als Exterieur des Pferdes bekannt.

1 Nasenspitze
2 Nasenbein
3 Stirnbein
4 Maul
5 Angesichtsleiste
6 Backe
7 Genick
8 Atlasflügel
9 Genickkamm
10 Drosselrinne
11 Widerrist
12 Schulterblattgräte
13 Schulterblattknorpel
14 Schulterpunkt (großer Vorsprung des Oberarmknochens)
15 Lage des Schultergelenks
16 Höcker des Deltamuskels am Oberarmknochen
17 Vorderbrust
18 Ellbogenhöcker
19 Lage des Ellbogengelenks
20 Unterarm
21 Griffelfortsatz der Speiche
22 Vorderfußwurzelgelenk (Karpalgelenk)
23 Röhrbein
24 Knöpfchen des Griffelbeins
25 Fesselkopf
26 Sporn
27 Fessel
28 Kronsaum
29 Hufballen
30 Hufwand
31 Seitlicher Hufknorpel
32 Schwertfortsatz des Brustbeins
33 Gurtlinie
34 Rippenbogen
35 18. Rippe
36 Rücken
37 Kruppe
38 Hinterhand
39 Kreuzbeinhöcker
40 Hüfthöcker
41 Sitzbeinhöcker
42 Schweifansatz
43 Großer Rollhügel des Oberschenkelknochens (Lage des Hüftgelenks)
44 Kniegelenk
45 Kniescheibe
46 Seitlicher Schienbeinknöchel
47 Sprunggelenk (Tarsalgelenk)

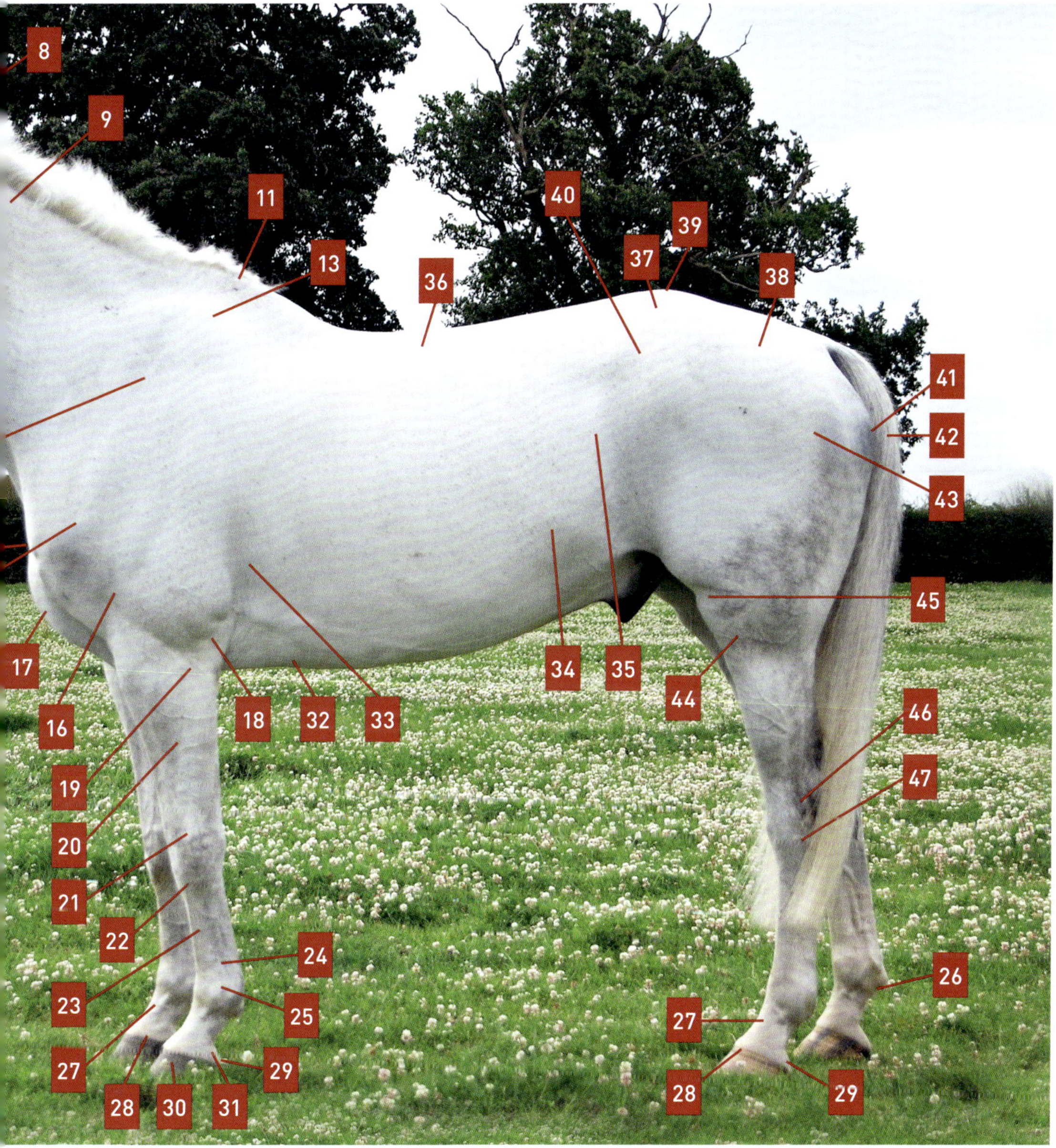
8
9
11
13
36
40
37
39
38
41
42
43
45
17
16
18
32
33
34
35
44
46
47
19
20
21
22
23
24
25
26
27
27
28
29
30
31
28
29

Grundbegriffe des Skeletts und der Rückenbänder

Das Skelett besteht aus ungefähr 205 Knochen, verteilt auf das Axialskelett – bestehend aus Schädel, Wirbeln, Brustbein und Rippen – und das appendikuläre Skelett, welches aus 20 Knochen pro Gliedmaße besteht.

Axialskelett

1 7 Halswirbel
2 18 Brustwirbel
3 Rippen
4 Brustbein
5 6 Lendenwirbel
6 5 Kreuzbeinwirbel
7 16–22 Schweifwirbel

Wirbelsäulenbänder

8 Nackenband
9 Dornfortsatzband
10 Zwischendornfortsatzband
11 Unteres Längsband

Appendikuläres Skelett

12 Becken *(Pelvis)*
13 Hüftgelenk
14 Oberschenkelknochen *(Femur)*
15 Kniescheibe *(Patella)*
16 Kniegelenk
17 Schienbein *(Tibia)*
18 Sprunggelenk *(Tarsus)*
19 Röhrbein
20 Griffelbein
21 Gleichbein
22 Fesselgelenk
23 Fesselbein
24 Kronbein
25 Krongelenk
26 Hufgelenk
27 Hufbein
28 Vorderfußwurzelgelenk *(Karpus)*
29 Erbsenbein
30 Speiche *(Radius)*
31 Elle *(Ulna)*
32 Ellbogengelenk
33 Oberarm *(Humerus)*
34 Schultergelenk
35 Schulterblatt *(Skapula)*
36 Schulterblattknorpel

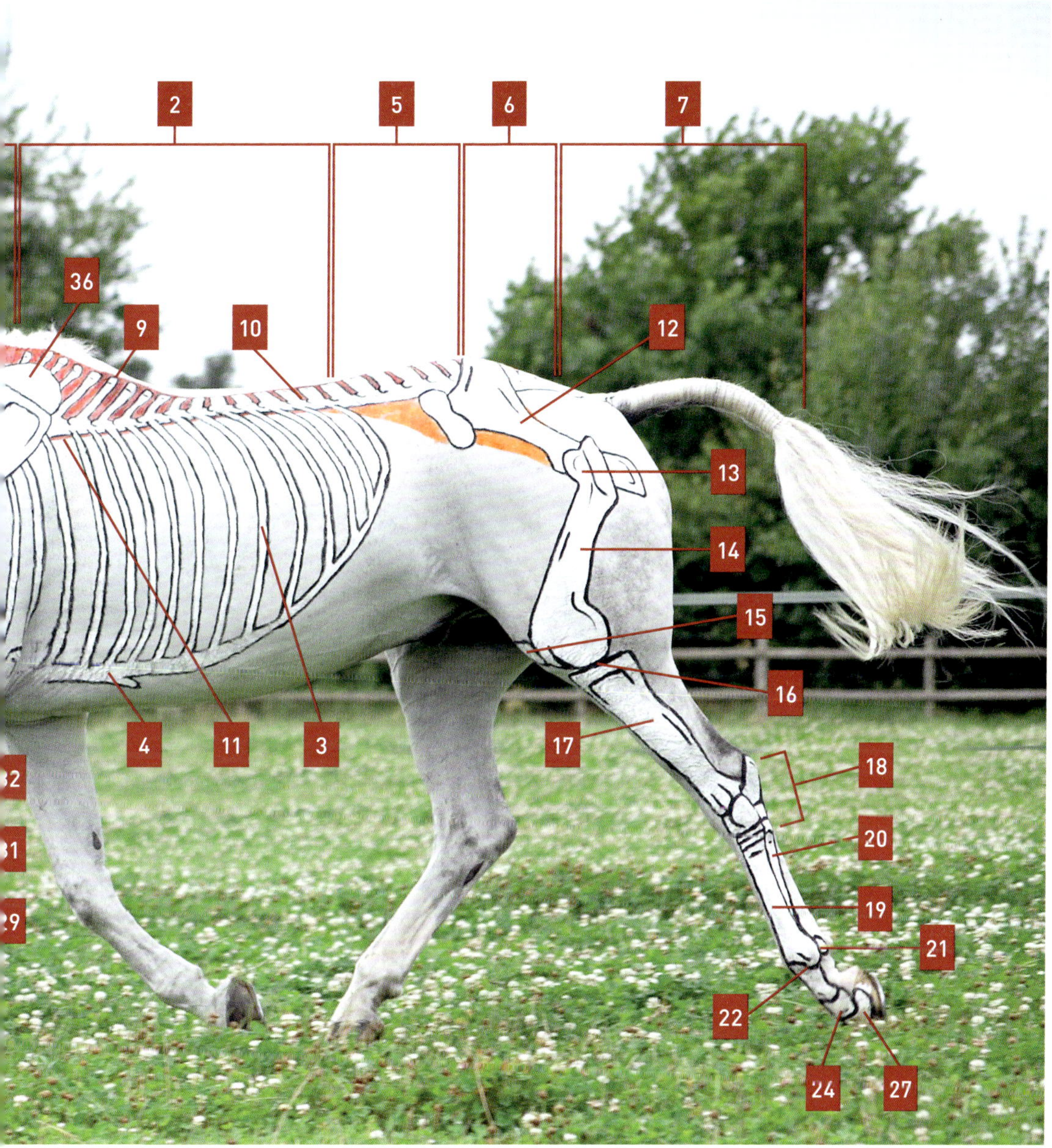
2
5
6
7
36
9
10
12
13
14
15
16
4
11
3
17
18
20
19
21
22
24
27

Die Wirbelsäule von oben

Eine ungewöhnliche Vogelperspektive.

1 Schulterblatt
2 Schulterblattgräte
3 Schulterblattknorpel
4 Dornfortsatz des 4. Brustwirbels
5 Brustwirbelkörper
6 Dornfortsatz des 18. Brustwirbels
7 Rippen
8 Dornfortsatz des 1. Lendenwirbels
9 Lendenwirbelkörper
10 Querfortsätze der Lendenwirbel
11 Gelenkfortsätze der Lendenwirbel
12 Dornfortsatz des 6. Lendenwirbels
13 Lumbosakralgelenk (Lendenwirbel-Kreuzbein-Gelenk)
14 Kreuzbeinhöcker
15 Darmbeinschaufel
16 Lage des Iliosakralgelenks (Kreuz-Darmbein-Gelenks)
17 Hüfthöcker
18 Kreuzbein
19 Dornfortsatz des 1. Kreuzwirbels
20 Dornfortsatz des 1. Schweifwirbels
21 Schweifwirbel
22 Hüftgelenk
23 Sitzbeinhöcker
24 Schambein

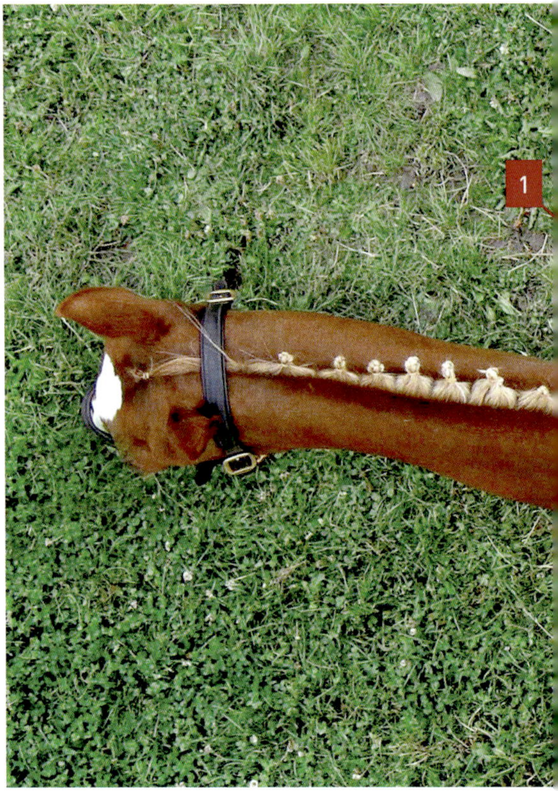

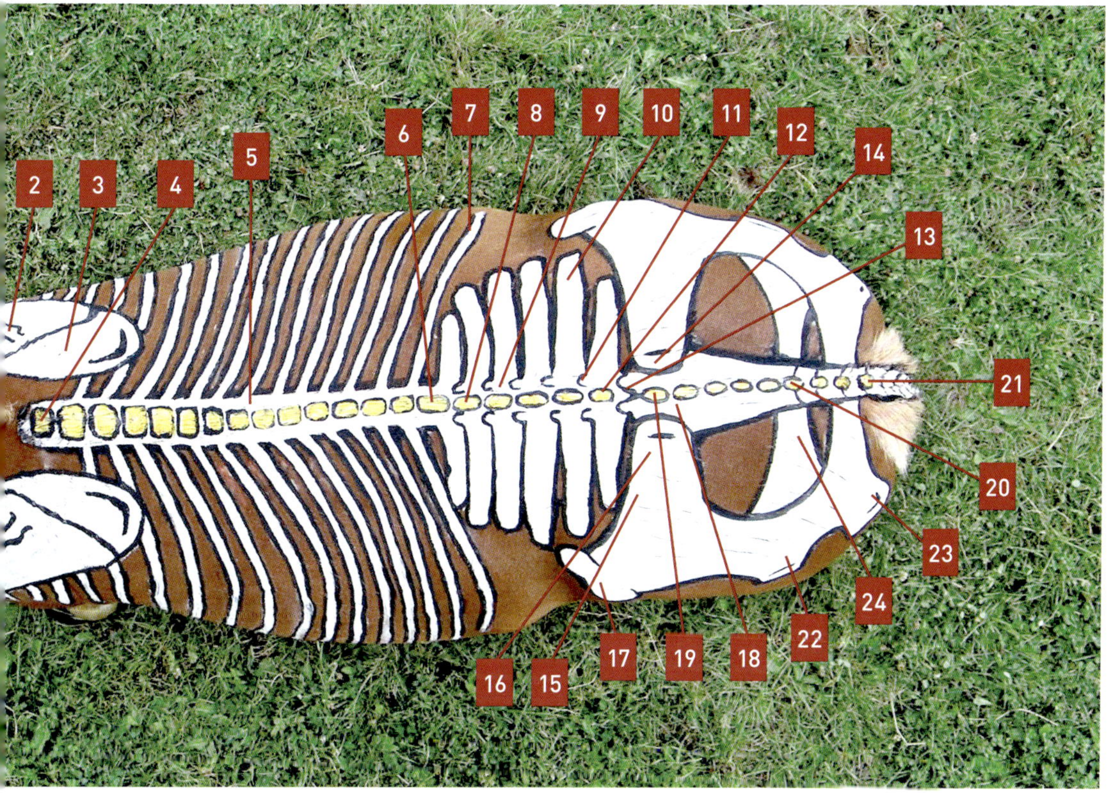

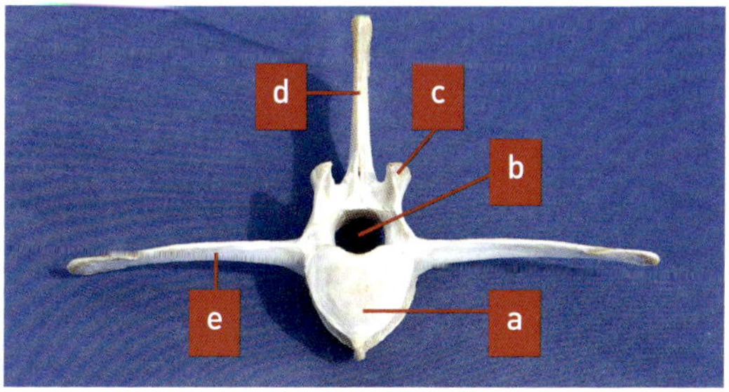

Alle Wirbel haben gemeinsame Strukturen, deren Größe und Form je nach Lage und Funktion innerhalb der Wirbelsäule unterschiedlich ist.

Diese Strukturen sind:
a Wirbelkörper
b Wirbelkanal
c Gelenkfortsätze
d Dornfortsätze
e Querfortsätze

Fortgeschrittene Terminologie des Knochengerüsts

Anatomische Fachbegriffe des Skeletts.

1 1. Halswirbel *(Atlas)*
2 2. Halswirbel *(Axis)*
3 Halswirbel *(Vertebrae cervicales)*
4 Dornfortsatz *(Processus spinosus)* des 4. Brustwirbels
5 Wirbelkörper *(Corpus vertebrae)* des Brustwirbels
6 Dornfortsatz des Brustwirbels
7 Rippen *(Costae)*
8 Brustbein *(Sternum)*
9 Schwertfortsatz des Brustbeins *(Manubrium sterni)*
10 1. Lendenwirbel *(Vertebra lumbalis)*
11 Lumbosakralgelenk (Lenden-Kreuzbein-Übergang)
12 Kreuzbeinhöcker *(Tuber sacrale)*
13 Becken *(Pelvis)*
14 Kreuzbein *(Sakrum)*
15 Hüfthöcker *(Tuber coxae)*
16 Hüftgelenk *(Articulatio coxae)*
17 Sitzbeinhöcker *(Tuber ischiadicum)*
18 Großer Rollhügel des Oberschenkelknochens *(Trochanter major)*
19 Dritter Rollhügel des Oberschenkelknochens *(Trochanter tertius)*
20 Oberschenkelknochen *(Femur)*
21 Kniescheibe *(Patella)*
22 Wadenbein *(Fibula)*
23 Schienbein *(Tibia)*
24 Fersenbeinhöcker *(Kalkaneus)*
25 Sprunggelenk *(Tarsus)*
26 Griffelbein
27 Hintermittelfußknochen (Metatarsalknochen)
28 Proximales (oberes) Sesambein, auch Gleichbein genannt
29 Fesselbein *(Phalanx I)*
30 Kronbein *(Phalanx II)*
31 Hufbein *(Phalanx III)*
32 Vordermittelfußknochen (Metakarpalknochen)
33 Griffelbein
34 Vorderfußwurzelgelenk (Karpalgelenk)
35 Erbsenbein *(Os carpi accessorium)*
36 Speiche *(Radius)*
37 Elle *(Ulna)*
38 Oberarmknochen *(Humerus)*
39 Großer Oberarmrollhügel *(Tuberculum majus)*
40 Schulterblatt *(Skapula)*
41 Schultergräte *(Spina scapulae)*
42 Schulterblattknorpel *(Cartilago scapulae)*

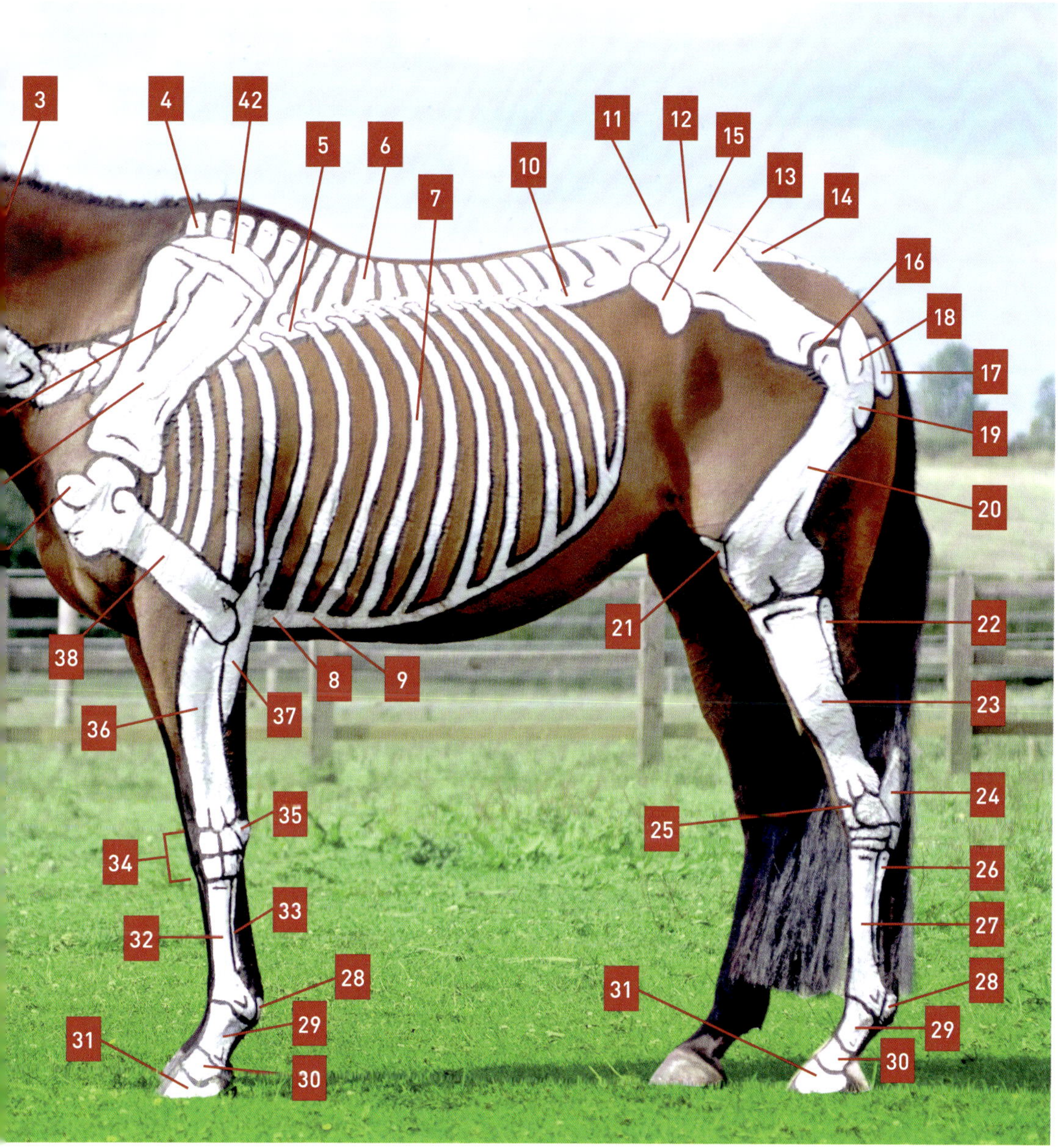
3
4
42
5
6
7
10
11
12
15
13
14
16
18
17
19
20
21
22
23
24
25
26
27
28
29
30
31
38
8
9
36
37
35
34
33
32
28
29
31
30

Kraniale und kaudale Ansicht des Gliedmaßenskeletts

Ansicht von kranial (vorne)
Hier ist zu sehen, auf welchen Höhen sich die Gelenke befinden und wie die Knochen säulenartig innerhalb des Vorderbeins aufeinander stehen.

1 Schulterblatt
2 Buggelenk
3 Oberarmknochen
4 Ellbogengelenk
5 Speiche
6 Karpalknochen (Vorderfußwurzelgelenk)
7 Röhrbein
8 Fesselgelenk
9 Fesselbein
10 Krongelenk
11 Kronbein
12 Hufgelenk
13 Hufbein

Ansicht von kaudal (hinten)
Hier ist die Breite des Beckens erkennbar, die Lage der Gelenke und die Lage der unter großen Muskeln verborgenen Hinterbeinknochen.

14 Kreuzbeinhöcker
15 Darmbein *(Ilium)*
16 Kreuzbein *(Sakrum)*
17 Hüfthöcker *(Tuber coxae)*
18 Schweifwirbel
19 Hüftgelenk
20 Sitzbeinhöcker *(Tuber ischiadicum)*
21 Oberschenkelknochen *(Femur)*
22 Kniegelenk
23 Wadenbein *(Fibula)*
24 Schienbein *(Tibia)*
25 Sprunggelenk (Tarsalgelenk)
26 Griffelbein
27 Röhrbein
28 Gleichbeine
29 Fesselbein
30 Kronbein

Die oberflächlichen Muskeln

Diese großen Bewegungsmuskeln verweben sich mit den Faszien und befinden sich zwischen der Haut und den tiefen Muskeln.

1 *M. tensor fasciae latae* (Schenkelbindenspanner)
2 *M. gluteus superficialis* (oberflächlicher Kruppenmuskel)
3 *Fascia glutea* (Gesäßmuskelfaszie)
4 *Fascia thoracolumbalis* (Rumpffaszie)
5 *M. serratus dorsalis* (oberer Sägemuskel)
6 *M. latissimus dorsi* (breiter Rückenmuskel)
7 *M. trapezius* (Trapezmuskel)
8 *M. splenius* (Riemenmuskel)
9 Sehne des *M. brachiocephalicus*
10 *M. brachiocephalicus* (Oberarm-Kopf-Muskel)
11 *Vena jugularis* (Drosselvene)
12 *M. sternomandibularis* (Brustbein-Unterkiefer-Muskel)
13 *M. serratus ventralis cervicis* (Halsteil des unteren Sägemuskels)
14 *M. subclavius* (Unterschlüsselbeinmuskel*)
15 *M. supraspinatus* (Obergrätenmuskel)
16 *M. pectoralis descendens* (absteigender Brustmuskel)
17 *M. deltoideus* (Deltamuskel)
18 *M. extensor carpi radialis* (langer speichenseitiger Handstrecker)
19 *M. extensor digitorum communis* (gemeinsamer Zehenstrecker)
20 *M. flexor digitorum profundus* (tiefer Zehenbeugemuskel)
21 *M. triceps brachii* (dreiköpfiger Armmuskel)
22 *M. flexor carpi ulnaris* (Karpalgelenkbeugemuskel)
23 *M. serratus ventralis thoracis* (Brustteil des unteren Sägemuskels)
24 *M. pectoralis ascendens* (aufsteigender Brustmuskel)
25 *M. intercostalis externus* (äußerer Zwischenrippenmuskel)
26 *M. obliquus externus abdominis* (äußerer schräger Bauchmuskel)
27 *M. extensor digitorum longus* (langer Zehenstrecker)
28 *M. extensor digitorum lateralis* (seitlicher Zehenstrecker)
29 *M. extensor digitorum profundus* (tiefer Zehenstrecker)
30 Achillessehne
31 *M. soleus* (Schollenmuskel)
32 *Fascia cruris lateralis* (seitliche Unterschenkelfaszie)
33 *Fascia femoralis lateralis* (seitliche Oberschenkelfaszie)
34 *M. semitendinosus* (Halbsehnenmuskel)
35 *M. biceps femoris* (zweiköpfiger Oberschenkelbeuger)

* Pferde besitzen kein Schlüsselbein. Die Bezeichnung des Muskels stammt aus der Humanmedizin.

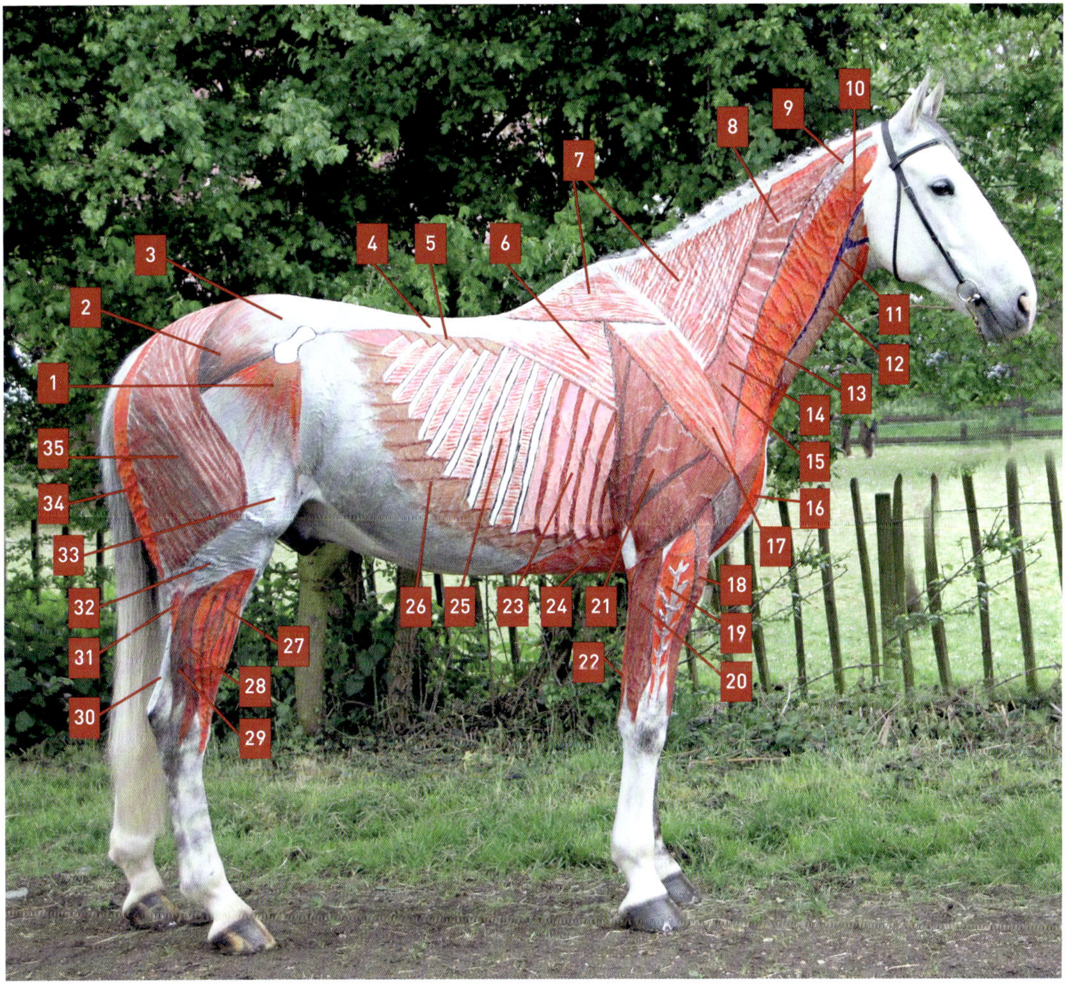
10
9
8
7
3
4
5
6
2
11
12
13
1
14
15
35
16
34
17
33
18
32
26
25
23
24
21
19
27
31
22
20
28
30
29

Die großen oberflächlichen Muskeln von oben gesehen

Eine wenig beachtete Sicht auf die Skelettmuskulatur.

1 Halsteil des Trapezmuskels *(M. trapezius)*
2 Brustteil des Trapezmuskels *(M. trapezius)*
3 Breiter Rückenmuskel *(M. latissimus dorsi)*
4 Rumpffaszie *(Fascia thoracolumbalis)*
5 Oberflächlicher Kruppenmuskel *(M. gluteus superficialis)*
6 Zweiköpfiger Oberschenkelbeuger *(M. biceps femoris)*
7 Halbsehnenmuskel *(M. semitendinosus)*

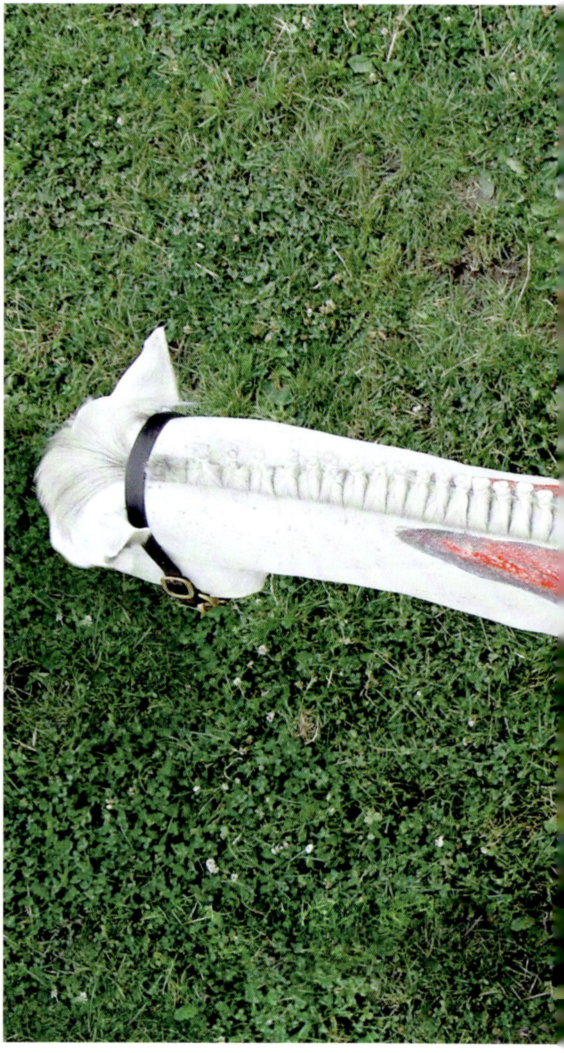

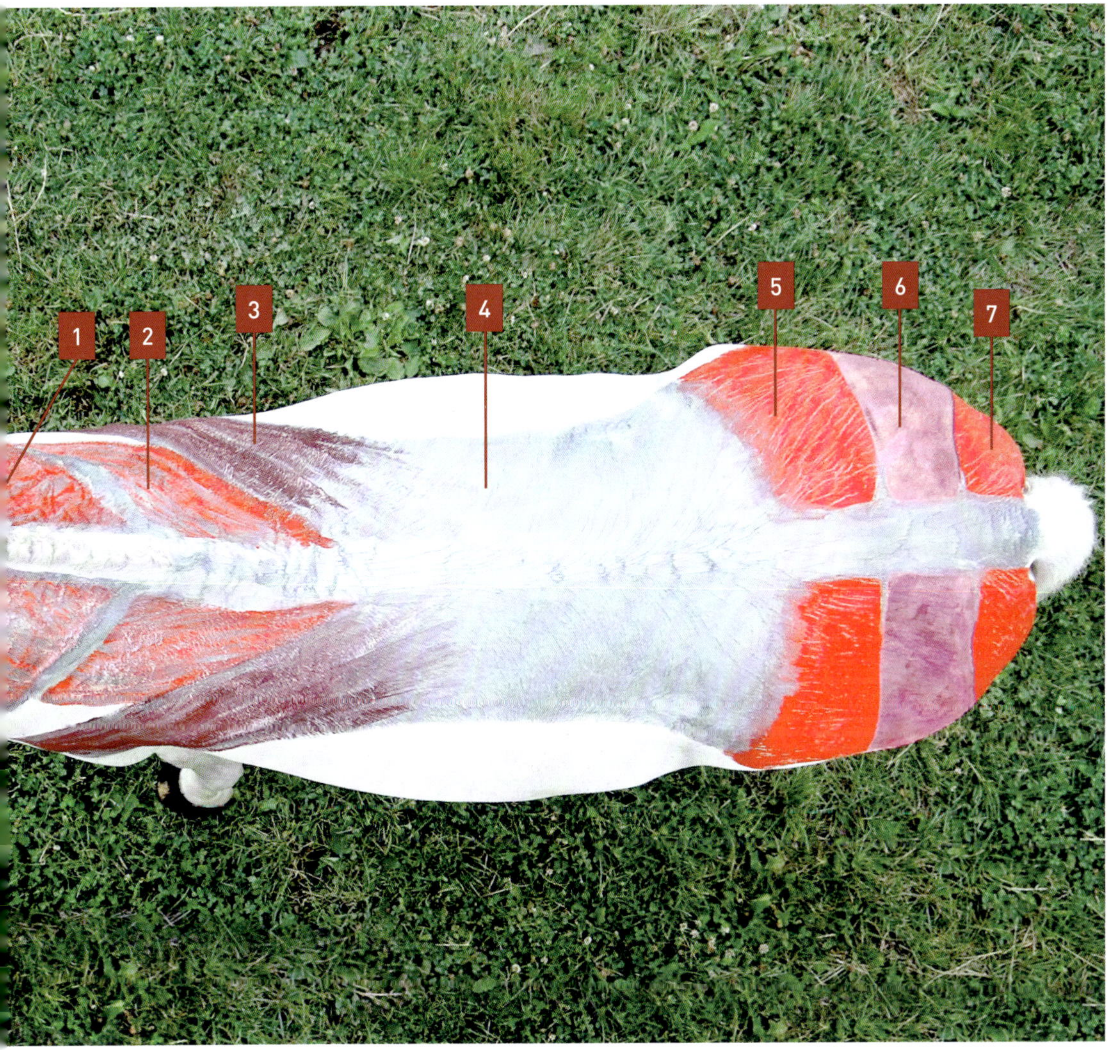
1
2
3
4
5
6
7

Kraniale und kaudale Ansicht der oberflächlichen Muskeln

Die Abbildungen zeigen die für das Nach-Vorne-Führen (Protraktion) und das Nach-Hinten-Führen (Retraktion) wichtigsten Muskeln.

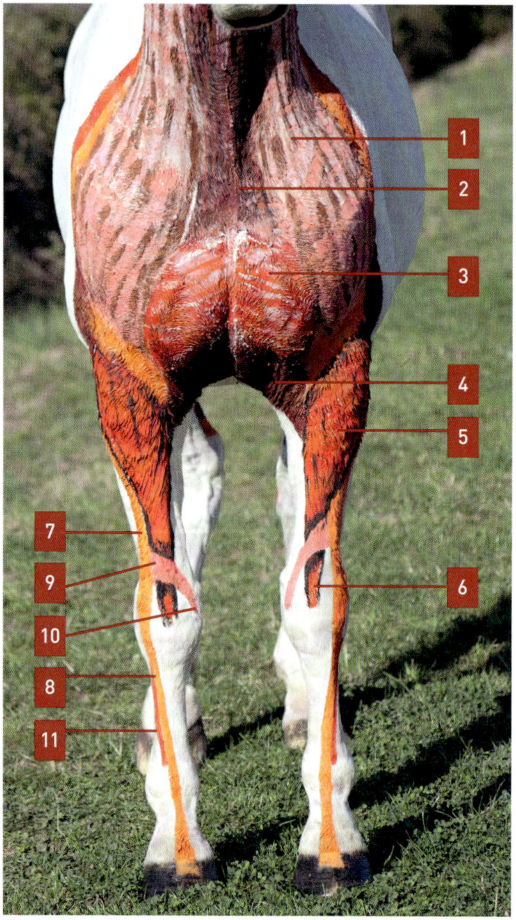

Ansicht von vorne (kranial)

Diese Ansicht zeigt die thorakale Muskelschlinge, die das Vorderbein am Brustkorb befestigt, sowie die Protraktionsmuskeln des Vorderbeins.

1 *M. brachiocephalicus* (Oberarm-Kopf-Muskel)
2 *M. sternomandibularis* (Brustbein-Unterkiefer-Muskel)
3 *M. pectoralis ascendens* (aufsteigender Brustmuskel)
4 *M. pectoralis transversus* (querverlaufender Brustmuskel)
5 *M. extensor carpi radialis* (langer speichenseitiger Handstrecker)
6 Sehne des *M. extensor carpi radialis*
7 *M. extensor digitorum communis* (gemeinsamer Zehenstrecker)
8 Zehenstreckersehne
9 *M. extensor carpi transversus* (querverlaufender Karpalstrecker)
10 Karpalstreckersehne
11 Sehne des seitlichen Zehenstreckers (*M. extensor digitorum lateralis*)

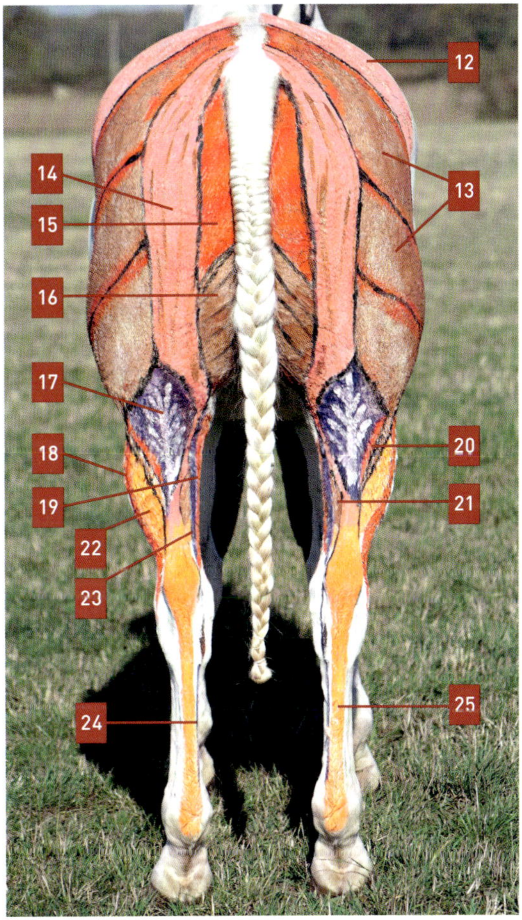

Ansicht von hinten (kaudal)

Diese Muskeln machen den Hauptteil der großen und kraftvollen Hinterhand aus.

12 *M. gluteus superficialis* (oberflächlicher Kruppenmuskel)
13 *M. biceps femoris* (zweiköpfiger Oberschenkelbeuger)
14 *M. semitendinosus* (Halbsehnenmuskel)
15 *M. semimembranosus* (Plattsehnenmuskel)
16 *M. gracilis* (schlanker Oberschenkelmuskel)
17 *M. gastrocnemius* (zweiköpfiger Wadenmuskel)
18 *M. extensor digitorum lateralis* (seitlicher Zehenstrecker)
19 *M. flexor digitorum profundus* (tiefer Zehenbeuger)
20 *M. soleus* (Schollenmuskel)
21 Sehne des *M. semitendinosus* und *M. gracilis*
22 *M. flexor digitorum superficialis* (oberflächlicher Zehenbeuger)
23 *M. flexor digitorum profundus* (tiefer Zehenbeuger)
24 Tiefe Zehenbeugesehne
25 Oberflächliche Zehenbeugesehne

Die tiefen Muskeln

Diese kleineren Haltungsmuskeln liegen dicht bei den Gelenken, also zwischen den oberflächlichen Muskeln und dem Skelett.

1 *M. complexus* (geflochtener Muskel)
2 *M. rhomboideus* (Rautenmuskel)
3 *M. serratus ventralis cervicis* (Halsteil des unteren Sägemuskels)
4 *M. serratus ventralis thoracis* (Brustteil des unteren Sägemuskels)
5 *M. spinalis dorsi* (Dornfortsatzmuskel)
6 *M. longissimus dorsi* (langer Rückenmuskel)
7 *M. iliocostalis* (Darmbein-Rippen-Muskel)
8 *M. gluteus medius* (mittlerer Kruppenmuskel)
9 *M. iliacus* (Darmbeinmuskel)
10 *M. gluteus profundus* (tiefer Kruppenmuskel)
11 *Lig. sacroischiadicum* (Kreuz-Sitzbein-Band)
12 *M. semitendinosus* (Halbsehnenmuskel)
13 *M. semimembranosus* (Plattsehnenmuskel)
14 *M. quadriceps* (vierköpfiger Oberschenkelstrecker)
15 *M. gastrocnemius* (zweiköpfiger Wadenmuskel)
16 *M. flexor digitorum profundus* (tiefer Zehenbeuger)
17 *M. flexor digitorum lateralis* (seitlicher Zehenbeuger)
18 *M. extensor digitorum longus* (langer Zehenstrecker)
19 *M. transversus abdominis* (querverlaufender Bauchmuskel)
20 *M. obliquus abdominis internus* (innerer schiefer Bauchmuskel)
21 *M. intercostalis externus* (äußerer Zwischenrippenmuskel)
22 *M. pectoralis transversus* (querverlaufender Brustmuskel)
23 *M. flexor digitorum prof.* (tiefer Zehenbeuger)
24 *M. extensor digitorum lateralis* (seitlicher Zehenstrecker)
25 *M. extensor digitorum communis* (gemeinsamer Zehenstrecker)
26 Langer Kopf des Trizepsmuskels
27 Seitlicher Kopf des Trizepsmuskels
28 *M. brachialis* (Oberarmmuskel)
29 *M. pectoralis descendens* (absteigender Brustmuskel)
30 *M. teres minor* (kleiner Rundmuskel)
31 *M. infraspinatus* (Untergrätenmuskel)
32 *M. supraspinatus* (Obergrätenmuskel)
33 *M. subclavius* (Unterschlüsselbeinmuskel)
34 *M. sternomandibularis* (Brustbein-Unterkiefer-Muskel)
35 *M. omohyoideus* (Schulter-Zungenbein-Muskel)
36 *M. sternohyoideus* (Brustbein-Zungenbein-Muskel)
37 *Mm. intertransversarii cervicis* (Zwischenquerfortsatzmuskeln)
38 *M. longissimus atlantis* (längster Muskel des Atlas)
39 *M. longissimus capitis* (längster Muskel des Kopfes)

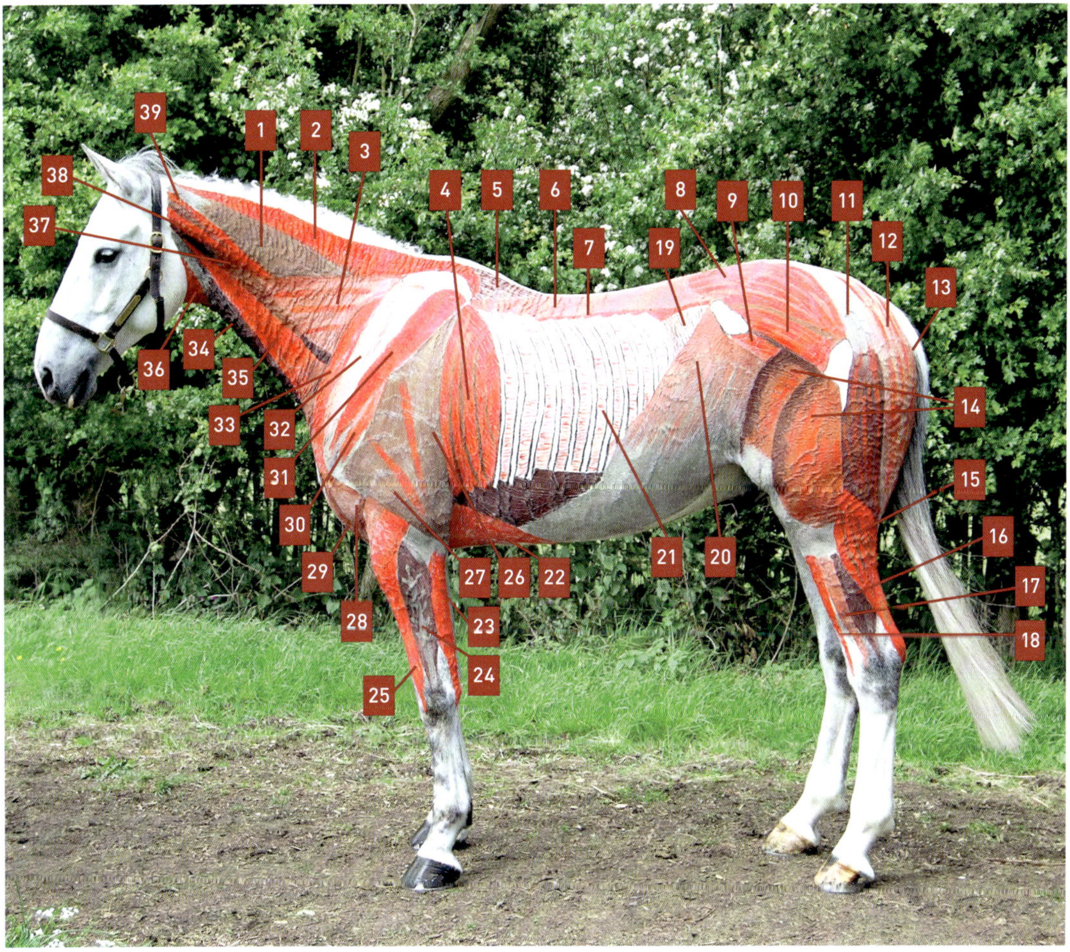
39
1
2
3
38
4
5
6
8
9
10
11
37
7
19
12
13
14
34
36
35
33
32
31
15
30
16
29
27
26
22
21
20
17
28
23
18
24
25

Die Muskelketten

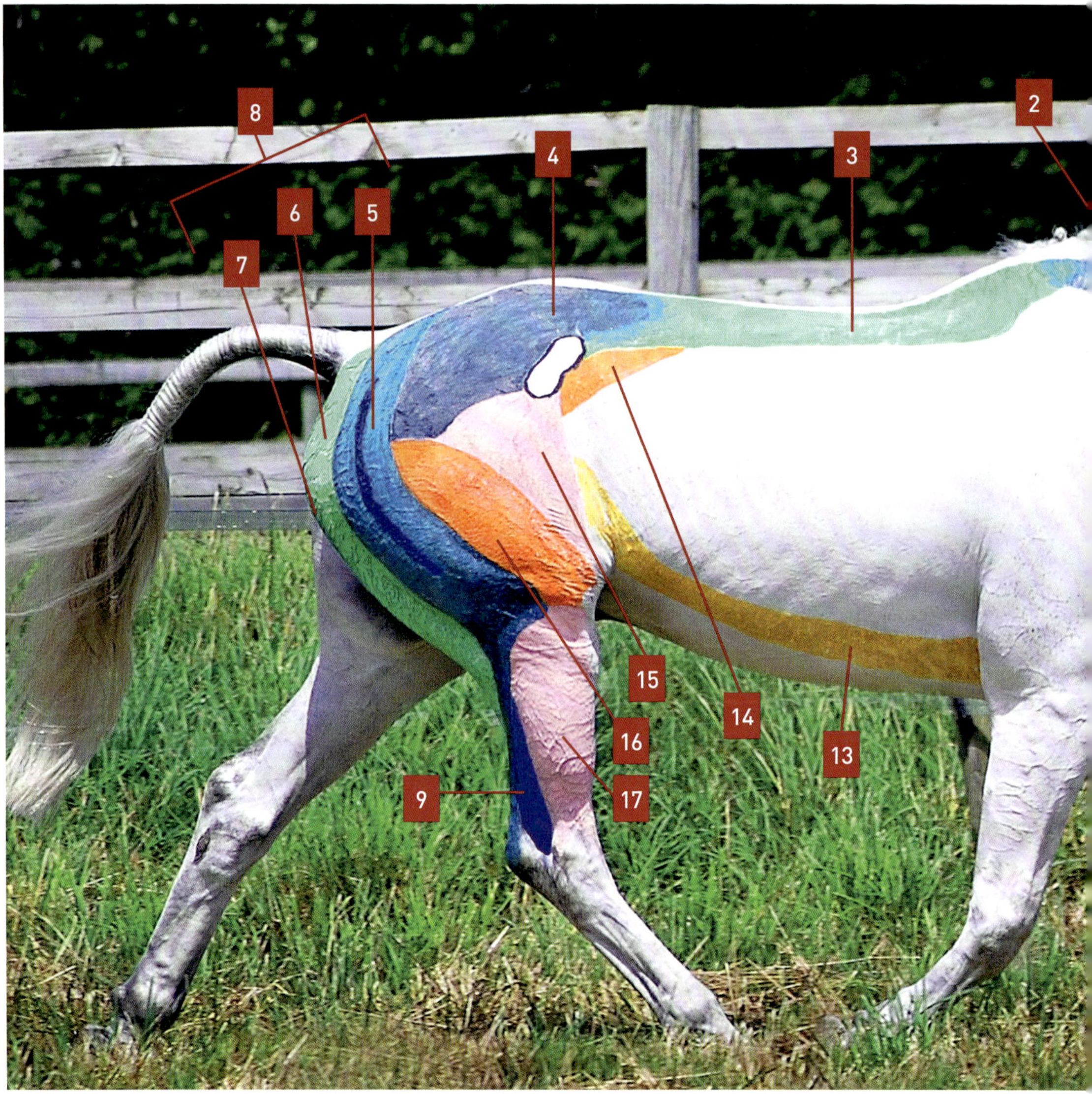

Die Streckerkette

Die oberhalb der Wirbelsäule und hinter der Hüfte liegenden Muskeln der Streckerkette sorgen für den Vorwärtsschub. Sie definieren die Oberlinie des Pferdes.

1 *M. splenius* (Riemenmuskel)
2 *M. rhomboideus* (Rautenmuskel)
3 *M. longissimus dorsi* (langer Rückenmuskel)
4 Glutealmuskeln (Kruppenmuskeln)
5 *M. biceps femoris* (zweiköpfiger Oberschenkelbeuger)
6 *M. semitendinosus* (Halbsehnenmuskel)
7 *M. semimembranosus* (Plattsehnenmuskel)
8 Hinterbackenmuskeln
9 Zehenbeugemuskeln

Die Beugerkette

Die unterhalb der Wirbelsäule und vor der Hüfte liegende Beugerkette ist entscheidend für die Versammlung und die Stabilität des Körperkerns. Sie definiert die Unterlinie des Pferdes.

10 *M. sternomandibularis* (Brustbein-Unterkiefer-Muskel)
11 *M. brachiocephalicus* (Oberarm-Kopf-Muskel)
12 *Mm. pectorales* (Brustmuskeln)
13 *Mm. abdominales* (Bauchmuskeln)
14 *M. iliopsoas* (Lenden-Darmbein-Muskel)
15 *M. tensor fasciae latae* (Oberschenkelbandspanner)
16 *M. quadriceps* (vierköpfiger Oberschenkelstrecker)
17 *Mm. extensores digitales* (Zehenstreckmuskeln)

Die Kernmuskulatur

Die Kernmuskeln bringen Stärke und Stabilität. Sie unterstützen die korrekte Haltung.

1 *M. serratus ventralis cervicis* (Halsteil des unteren Sägemuskels)

2 *M. serratus ventralis thoracis* (Brustteil des unteren Sägemuskels)

3 *Mm. multifidi thoracici* (vielgefiederte Brustwirbelsäulenmuskeln)

4 *Mm. multifidi lumbales* (vielgefiederte Lendenwirbelsäulenmuskeln)

5 *Mm. multifidi caudales* (vielgefiederte Schwanzwirbelsäulenmuskeln)

6 *M. piriformis* (birnenförmiger Muskel)

7 *Iliopsoas*-Gruppe (Lenden-Darmbein-Muskelgruppe)

8 *M. rectus abdominis* (gerader Bauchmuskel)

9 *M. pectoralis transversus* (querverlaufender Brustmuskel)

10 *M. pectoralis descendens* (absteigender Brustmuskel)

11 *M. pectoralis cranialis profundus* (tiefer vorderer Brustmuskel)

Die wichtigsten Bänder

Bänder *(lat. Ligamenta)* verbinden Knochen über ein Gelenk hinweg miteinander und ermöglichen Stabilität.

1 Kapselringband des Hüftgelenks
2 Seitenbänder des Kniegelenks
3 Seitenbänder des Sprunggelenks
4 Fesselträger
5 Seitenband des Fesselgelenks
6 Seitenband des Krongelenks
7 Seitenband des Hufgelenks
8 Seitenband der Gleichbeine
9 Seitenbänder des Karpalgelenks
10 Seitenbänder des Ellbogengelenks
11 Kapselringband des Schultergelenks
12 Strangteil des Nackenbands
13 Plattenteil des Nackenbands
14 Dornfortsatzband
15 Zwischendornfortsatzband
16 Kreuz-Sitzbein-Band *(Ligamentum sacroischiadicum)*
17 unteres Längsband *(Lig. longitudinale ventrale)*
18 oberes Kreuz-Darmbein-Band *(Lig. sacroiliacum dorsale)*

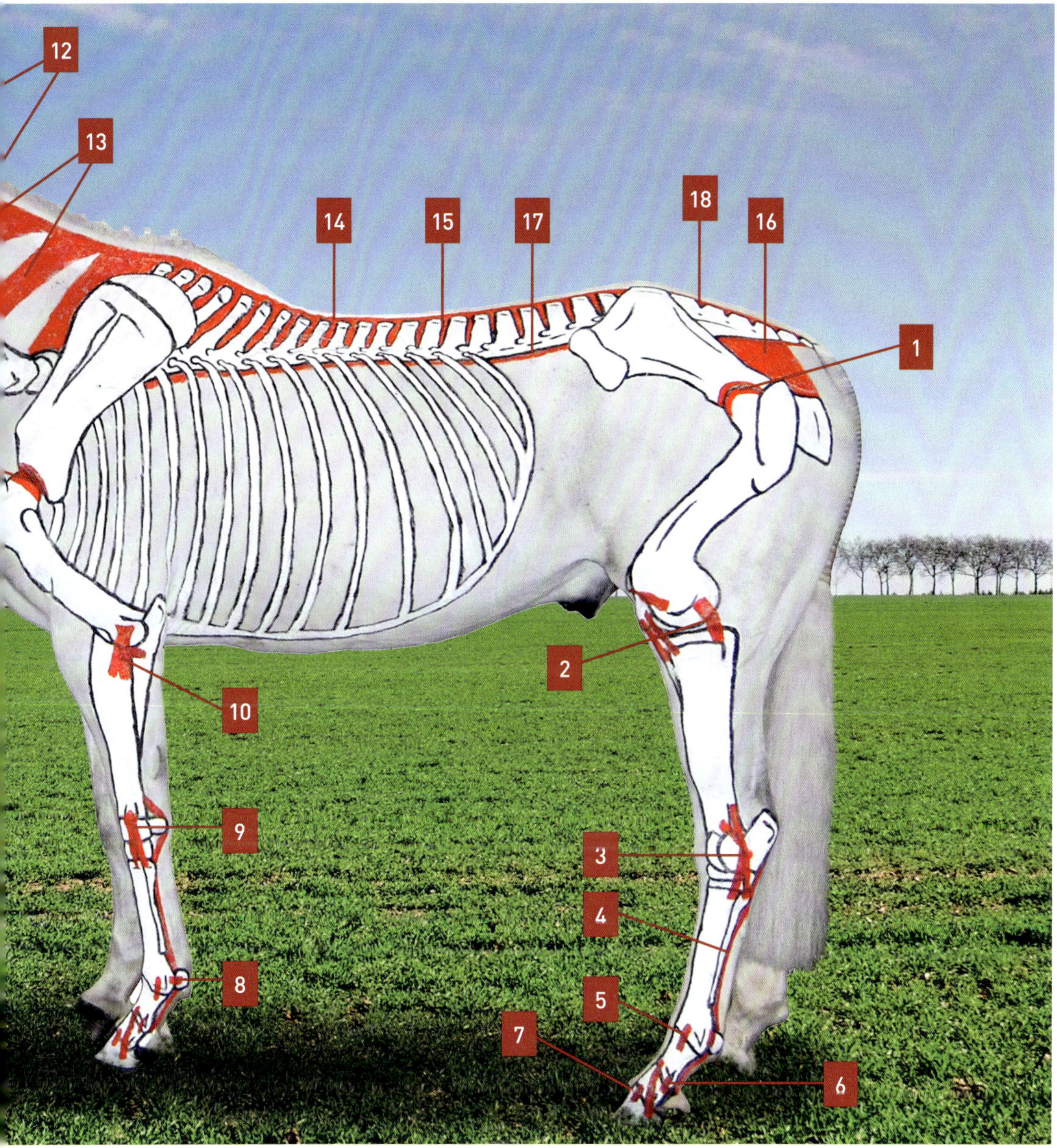
12
13
14
15
17
18
16
1
2
10
9
3
4
8
5
7
6

Knochen, Sehnen und Muskeln des unteren Beins

Sehnen verbinden Muskeln mit Knochen und sind je nach Lage entweder Beugesehnen oder Strecksehnen. Die Sehnen der unteren Gliedmaßen sind lang, da die Muskelbäuche sich alle über dem Vorderfußwurzelgelenk beziehungsweise dem Sprunggelenk befinden.

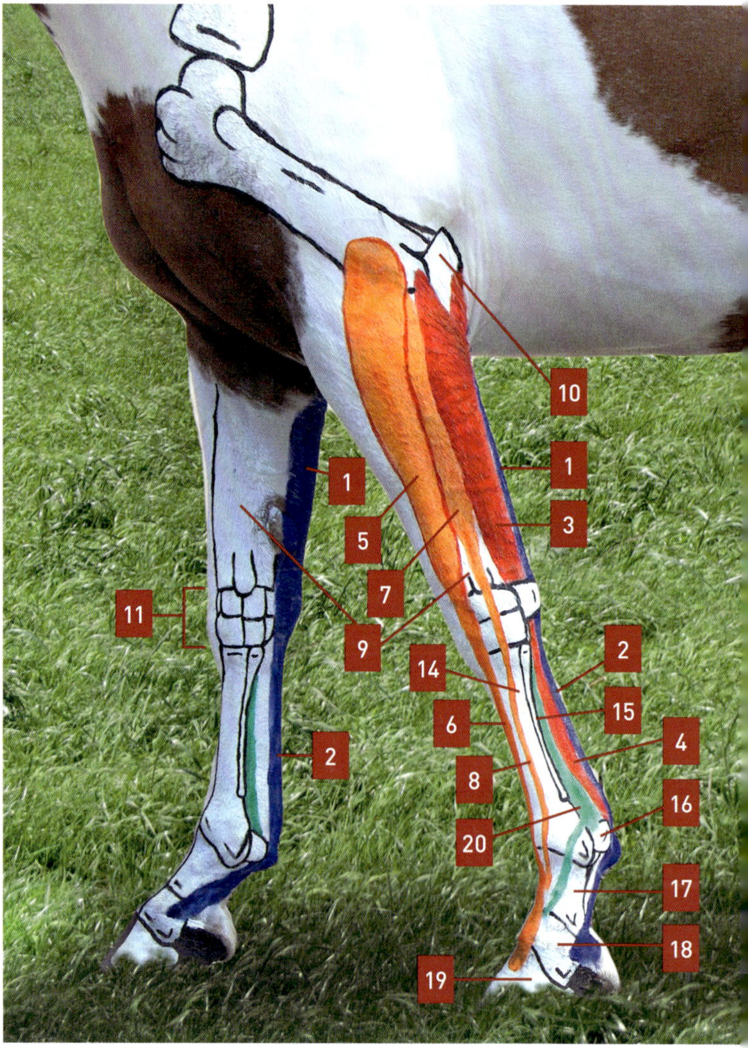

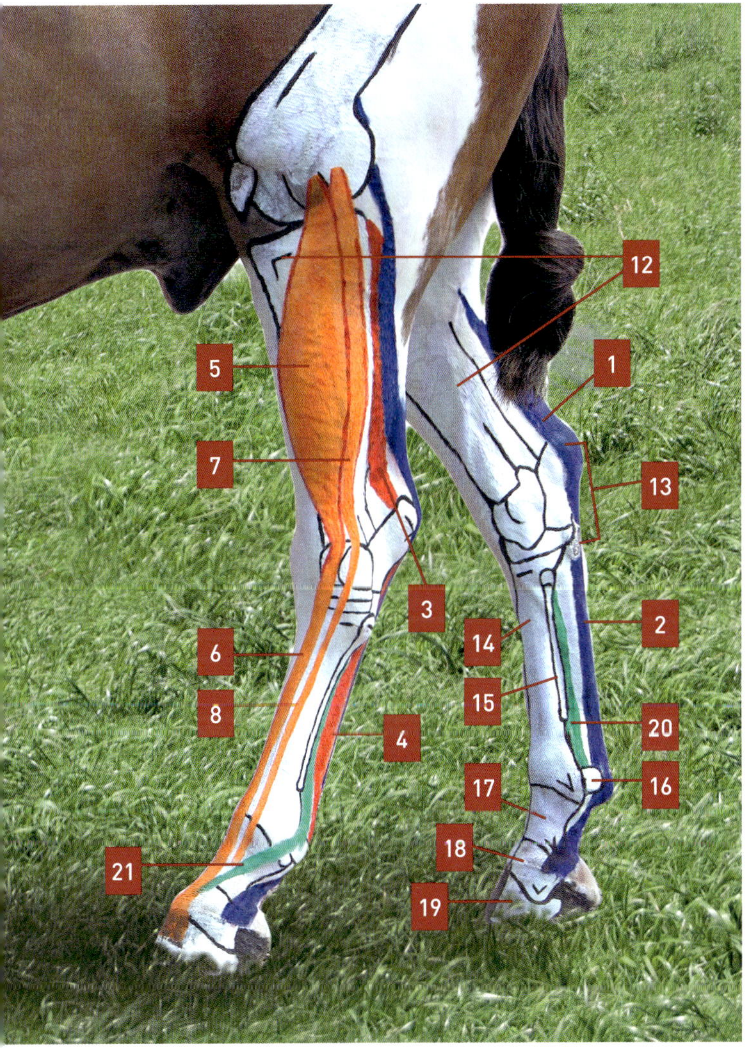

1 *M. flexor digitorum superficialis* (oberflächlicher Zehenbeuger)
2 Oberflächliche Beugesehne
3 *M. flexor digitorum profundus* (tiefer Zehenbeuger)
4 Tiefe Beugesehne
5 *M. extensor digitorum communis* (gemeinsamer Zehenstrecker)
6 Gemeinsame Zehenstreckersehne
7 *M. extensor digitorum lateralis* (seitlicher Zehenstrecker)
8 Seitliche Zehenstreckersehne
9 *Radius* (Speiche)
10 *Ulna* (Elle)
11 Karpalgelenk (Vorderfußwurzelgelenk)
12 *Tibia* (Schienbein)
13 Tarsalgelenk (Sprunggelenk)
14 Röhrbein
15 Griffelbein
16 Gleichbein
17 Fesselbein
18 Kronbein
19 Hufbein
20 Fesselträger
21 Unterstützungsband des Fesselträgers zur Strecksehne

Service

Nützliche Adressen

Gillian Higgins
Horses Inside Out
www.horsesinsideout.com

Exzellente Veranstaltungen
rund ums Pferd
Von Isabella Sonntag
www.wu-son.de

Deutsche Reiterliche Vereinigung (FN)
Freiherr-von-Langen-Str. 13
D-48231 Warendorf
Tel. +49-(0)2581-63620
Fax +49-(0)2581-62144
E-Mail: fn@fn-dokr.de
www.pferd-aktuell.de

Vereinigung der Freizeitreiter und -fahrer in Deutschland (VFD)
Zur Poggenmühle 22
D-27239 Twistringen
Tel. +49-(0)4243-942404
Fax +49-(0)4243-942405
E-Mail: bundesgeschaefts-stelle@vfdnet.de
www.vfdnet.de

Österreichischer Pferdesportverband (OEPS)
Am Wassersprung 2
A-2361 Laxenburg
Tel. +43-(0)2236-710600
Fax +43-(0)2236-710600-99
E-Mail: office@oeps.at
www.oeps.at

Schweizerischer Verband für Pferdesport (SVPS)
Papiermühlestr. 40 H
Postfach 726
CH-3000 Bern 22
Tel. +41-(0)31-3354343
Fax +41-(0)31-3354358
E-Mail: info@fnch.ch
www.fnch.ch

Zum Weiterlesen

Gösmeier, Dr. med. vet. Ina: **Akupressur für Pferde,** Wirkung und Anwendung; KOSMOS 2016
Akupressur wirkt nach denselben Kriterien wie die Akupunktur, ist aber auch für medizinische Laien zu erlernen und anzuwenden. Die sanfte Heilmethode dient der Gesunderhaltung des Pferdes, wirkt bei leichten Erkrankungen und hilft bei alltäglichen Problemen wie Ängstlichkeit oder Muskelverspannungen. Auch als E-Book erhältlich.

Heuschmann, Dr. med. vet. Gerd: **Balanceakt,** Wie Pferde geritten werden müssen, damit sie gesund bleiben; Edition WuWei bei KOSMOS 2014
Dieses Buch vermittelt warum es nur eine Art richtiger Reit- und Pferdeausbildung geben kann, was von Anfang an berücksichtigt werden muss und wie man alle elementaren Fehler am gerittenen Pferd erkennt, künftig vermeidet und vielleicht beheben kann. Besondere Aufmerksamkeit widmet der Autor dem Sitz des Reiters und damit seiner feinen Einwirkung.

Higgins, Gillian: **Anatomie verstehen – Die Organe des Pferdes,** Das Innere des Pferdes sichtbar gemacht; KOSMOS 2013
Nach ihrer Erfolgsveröffentlichung „Anatomie verstehen – besser reiten" ergründet Gillian Higgins hier zusammen mit dem Leser die anatomischen Systeme, in einzigartiger und bewährter Form direkt auf den Pferdekörper gemalt. Sie erläutert deren Funktion und stellt einen unmittelbaren praktischen Bezug zur Pferdegesundheit und zum richtigen Training her.

Higgins, Gillian mit Stefanie Martin: **Anatomie verstehen – besser reiten,** Bewegungsabläufe sichtbar gemacht; KOSMOS 2010
Erstmalig werden in diesem Buch die Bewegungsabläufe des Pferdes anschaulich erklärt. Die aufgemalten Muskeln und Knochen machen die Bewegungen des Pferdes sichtbar und führen zu einem besseren Verständnis der Biomechanik. Bewegungsanalysen und praktische Übungen zum Aufbau von Muskulatur machen das Buch zu einem unentbehrlichen Wegweiser für alle aktiven Reiter.

Higgins, Gillian: **Anatomie verstehen – gesundheitsfördernd reiten;** KOSMOS 2017
Das neue Buch von Gillian Higgins beschreibt die Ausbildung von Pferden und die einzelnen Dressurlektionen und Springübungen aus anatomischer und biomechanischer Sicht. Erstmals wird auch die Anatomie des Reiters miteinbezogen. Praktische Übungen zur Verbesserung der Beweglichkeit, Körperhaltung und Stabilität bringen Pferd und Reiter in die Losgelassenheit und Balance, verringern Muskelprobleme und reduzieren das Verletzungsrisiko

Klimke, Ingrid: **Reite zu Deiner Freude,** Grundsätze meiner Pferdeausbildung; KOSMOS 2016
Ingrid Klimke stellt erstmals ihre Trainingsphilosophie vor. Die Basis bilden Vielseitigkeit und Abwechslung wie Cavaletti-Arbeit, Dressur, Springen und Reiten im Gelände. Am Beispiel ihrer eigenen Pferde gibt sie wertvolle Tipps zur Förderung des jeweiligen Pferdecharakters. Auch als E-Book erhältlich.

Klimke, Ingrid / Klimke, Reiner: **Cavaletti – Dressur und Springen;** KOSMOS 2014
Ein wichtiger Grundstein für den Erfolg von Ingrid Klimke ist die Cavaletti-Arbeit. Dieser Ratgeber zeigt die Cavaletti-Arbeit an der Longe, liefert wertvolle neue Anregungen für die Dressurarbeit sowie zahlreiche aktualisierte Aufbauskizzen für die Springgymnastik. Neben der Gymnastizierung des Pferdes und der damit verbundenen Verbesserung der Gangarten bringt Cavaletti-Arbeit Spaß und Abwechslung in den Trainingsalltag.

Meyners, Eckhart: **Wie bewegt sich der Reiter?,** Bewegungsabläufe verstehen Sitz & Hilfengebung verbessern; KOSMOS 2016
Der Bewegungsexperte Eckhart Meyners gibt einen Überblick über die Anatomie des Reiters auf Basis neuester wissenschaftlicher Erkenntnisse und macht verständlich, was beim Reiten im Körper passiert. Mit Faszienübungen, die Haltung, Fitness und Beweglichkeit des Reiters verbessern. Extra: Reiten mit Franklin-Bällen.

Roida, Kathrin: **Gymnastizieren an der Hand;** KOSMOS 2017
Die Arbeit an der Hand fördert Konzentration, Körpergefühl, Selbstbewusstsein und Gesundheit der Pferde. Kathrin Roida zeigt, wie man Jungpfferde, gesunde Reitpferde, Korrektur- und Rehabilitationspferde typ- und altersgerecht trainiert. Wichtige Lektionen werden von einer Osteopathin beurteilt, die biomechanische Zusammenhänge erklärt.

Schleese, Jochen: **The Silent Killer,** Sattelanpassung nur für den Moment; Edition WuWei bei KOSMOS 2017
Ob der Sattel noch richtig zum Pferd passt, sollte immer wieder überprüft werden. Hier lernen Reiter, woran man einen guten Sattler erkennt und wie man selbst beurteilen kann, ob der Sattel noch richtig passt.

Schöffmann, Dr. Britta: **Lektionen richtig reiten;** KOSMOS 2016
Von A wie Abwenden bis Z wie Zick-Zack-Traversale findet der Reiter in diesem Buch jede wichtige Lektion ausführlich erklärt. Er erfährt, wie die Übungen richtig geritten werden, welche Fehler man vermeiden sollte und mit welchen Hilfen die Lektionen Schritt für Schritt erarbeitet werden.

Schöpe, Sigrid: **Bodenarbeit mit Stangen und Pylonen,** Mit den Übungen für die Abzeichenprüfungen; KOSMOS 2016
Bodenarbeit ist ein wichtiger Teil der Prüfungen zu den Reitabzeichen der FN. Dieser kompakte Foto-Ratgeber zeigt, wie gute Bodenarbeit gelingt: Vom korrekten Führtraining bis hin zum Geschicklichkeitstraining mit Stangen und Pylonen werden alle Aufgaben Schritt für Schritt erklärt. Bodenarbeit ist Basistraining für Reiter und Pferd.

Register

Aus dem Englischen übersetzt von Matina Eil-Head.
Titel der Originalausgabe: Pilates and Stretching: An exercise index for horse owners

BILDNACHWEIS

Mit 71 Farbfotos von Matthew Roberts (www.MatthewRobertsPhotographer.co.uk.), 3 Farbfotos von David Waters/Horsepix (www.horsepix.co.uk) (S. 36, 38, 39) und 4 Farbfotos von David Higgins (S. 5, 17, 19, 21 o.).

IMPRESSUM

Umschlaggestaltung von GRAMISCI Editorialdesign/Cornelia Sekulin, München unter Verwendung von sechs Farbfotos von Matthew Roberts und David Higgins.
Mit 78 Farbfotos

Gedruckt auf chlorfrei gebleichtem Papier

Für die deutschsprachige Ausgabe:
2. aktualisierte Auflage 2017

Pfizerstraße 5–7, 70184 Stuttgart
kosmos.de/servicecenter

ISBN 978-3-440-15744-2
Redaktion: Alexandra Haungs, Fachlektorat: Heike Listmann
Gestaltungskonzept: Friedhelm Steinen-Broo, eStudio Calamar
Gestaltung und Satz: Atelier Krohmer, Dettingen/Erms
Produktion: Nina Renz, Claudia Frank
Druck und Bindung: Westermann Druck Zwickau GmbH, Zwickau
Printed in Germany/Imprimé en Allemagne

FSC
www.fsc.org
MIX
Papier | Fördert gute Waldnutzung
FSC® C110508

—— Balance und Beweglichkeit verbessern

Das Buch ist ein großer Erfolg, die Seminare „Horses Inside Out“ stets ausgebucht und diese DVD wurde mit Spannung erwartet. Biomechanische Grundlagen der Pferdebewegung. Bewegungsabläufe in Zeitlupe. Muskeln und Knochen direkt auf das Pferd gemalt. Reiten aus anatomischer Sicht erklärt.

DVD, € 32,00 (UVP)

Die DVD zeigt über 30 leicht nachvollziehbare Übungen, mit denen jeder Reiter sein Pferd gymnastizieren und beweglich halten kann. Dabei werden Koordination, Gleichgewicht, Nachgiebigkeit und Muskelaufbau effektiv gefördert und verbessert. Gillian Higgins hat die gezeigten Pferde in ihrer bekannten Weise mit dem Knochen- und Muskelsystem bemalt, dadurch wird noch verstandlicher, welche Körperbereiche trainiert werden.

DVD, € 32,00 (UVP)

kosmos.de